Buchstützen Unterschätzte Kunststücke

Buchstützen

Unterschätzte Kunststücke

Wertgeschätzt von Ulrich Stascheit

Inhalt:

Einleitung 7

I Vom Sammeln von Buchstützen 8
II Buchstützenkunde? 9
III Ausstellungen von Buchstützen? 11
IV Zur Typologie von Buchstützen 12
V Die Buchstütze – Kunst gegen Umfallgefahr? 13
VI Die Erfindung der Buchstütze 14
VII Ansätze einer Kulturgeschichte der Buchstütze 21
VIII Bookends Ende? 23

Die Schaufenster 27

1 „Arts and Crafts"-Buchstützen 29
2 Buchstützen von Soennecken … 35
3 Wertvolles Blech? 39
4 Frühe Stücke bei Tiffany? 43
5 Als „teuersten Schmied der Welt" … 49
6 Buchstützen von Lalique 53
7 Anders als Lalique … 57
8 Amalric Walter, der Meister des pâte de verre … 63
9 Gemessen an Walter von Nessen … 67
10 Buchstützen aus Holz … 73
11 Emaillierte Buchstützen … 77
12 Bakelit stützt manchmal mit 83
13 Die Vielfalt des Materials … 87
14 Tiere auf dem Sprung … 91
15 Zum nützlichen Stützer … 95
16 Eule, Kranich, Papagei 101
17 Elefanten, Bison und Bär 105
18 Kaum zu glauben, wie viele Tauben … 109
19 Auch mit halben Tieren … 113
20 Eine Vielfalt von Frauen … 117
21 Traute Zweisamkeit … 123
22 Paare, die sich nicht stützen … 127
23 Männer … 131
24 Nachwuchssorgen… 135
25 Auböck und Hagenauer glänzen als Wiener Buchstützenbauer 141
26 Fermalibri aus Italien 147
27 In Skandinavien sind Buchstützen eher Stiefkinder 153
28 Variationen von Buchstützen … 157
29 Außer Jugendstil und Art déco … 161
30 „Aus der Art geschlagen" 167
31 Stützen Buchstützen noch (Keramik)künstler? 173
32 Stützenkönig … 179
33 Entdeckungen in Deggendorf 183

Index

Kunsthandwerkende, Manufakturen, Händler 190

Einleitung

I VOM SAMMELN VON BUCHSTÜTZEN

„Den Sammler beglückt seine Bücherwand. Sie wirkt auf ihn beruhigend, befreiend … wie sanfte Hügellinien am Horizont."[1] Wer diese Stimmung noch heben will, bereichere seine Bücherwand durch eine Ansammlung von Buchstützen. Dies hat einen unschätzbaren Vorteil. Verunsichern Besucher den Bibliophilen mit der hinterhältigen Frage: „Und die haben Sie alle gelesen?", so erlaubt der auf die Buchstützen zielende Ausruf: „Wo haben Sie die denn alle her!", zur Sache zu kommen.

Früher waren Buchstützen schwer zu finden. Jedenfalls für den, der nicht hinter Onyx-Elefanten, Eulen aus deutscher Eiche und ähnlichem Getier herjagte. Wenig Erfolg zeitigte das aufmerksame Beobachten des Kunstauktionsmarktes. Selbst bei Versteigerungen von Kunsthandwerk des Jugendstils und Art déco wurde man selten fündig. Nur hin und wieder verirrte sich hier eine Buchstütze unter „Figürliche Keramik", „Unedle Metalle" oder „Varia". Und dieses Exemplar stammte dann nicht selten aus der Hand eines berühmten Kunsthandwerkers oder trug wenigstens die Marke einer bekannten Manufaktur; mit der Folge, dass sich alle Tiffany-, Hagenauer-, Lalique-, Amalric Walter- oder Edgar Brandt-Sammler auf die Buchstütze stürzten, egal, ob sie Bücher zu stützen hatten oder nicht. Stieg darauf der Auktionspreis in schwindelnde Höhe, gab der Buchstützensammler entnervt auf und kehrte reuevoll zu den ihm vertrauten Buchauktionen zurück, steigerte dort mit dem vorher Eingesparten ein paar seltene Bücher, um wenigstens auf diesem Weg die Lücken in seiner Bücherwand zu schließen.

1 Moritz Sondheim: Bibliophilie. Rede, gehalten bei der Jahresversammlung der Gesellschaft der Bibliophilen am 11. September 1932 zu Frankfurt am Main 1933, S. 6.

Manch schönes Buchstützen-Paar verstaubte, versteckt zwischen Büchern, im Buchantiquariat. Leider rückte der Antiquar seine Buchstütze fast nie heraus. Fragte man taktvoll nach, ob sie abzugeben sei, so erteilte der Antiquar regelmäßig eine Absage, wobei ein gereizter bis beleidigter Unterton nicht zu überhören war; so als wollte er sagen: „Bei mir ist doch nicht alles käuflich!" Um dann versöhnlich hinzuzufügen, er brauche die Buchstützen unbedingt zum Abstützen seiner Ware. Als ob dafür die praktischen, raumsparenden Soennecken-Rechte-Winkel-Buchstützen nicht ausreichten.

Fündig wurde der Sammler stets auf den großen, ständigen Antikmärkten in London, Paris und New York und in den Antiquitätengeschäften, die vor 30 oder 40 Jahren noch zahlreich in diesen Städten existierten; insbesondere in den auf Jugendstil und Art déco spezialisierten. Meist stand das Objekt der Begierde auf dem kombinierten Verkaufs-, Ess- und Telefontisch des Händlers und stützte dort die mehr oder weniger gut sortierte Handbibliothek. Anders als der Kollege vom Buchantiquariat war der Antiquitätenhändler schnell bereit, seine Buchstützen zu versilbern, zu einem günstigen bis angemessenen Preis, solange man wohlweislich sein Sammelgebiet verschwieg. Aber selbst wenn man es törichterweise offenbarte, wurde es letztlich nicht ernst genommen: Buchstützen sammeln? Was Sie nicht sagen? Fingerhüte, Spazierstöcke, Keksdosen, Brillen, Federhalter und Feuerzeuge, das ja, aber Buchstützen?
Der einzige Nachteil dieser Erwerbsform war der beschwerliche Transport nach Hause. Erstaunlicherweise fiel bei der Einreise nach Deutschland selten Einfuhrzoll an. Auch die Zollbeamten konnten mit Buchstützen nichts anfangen.
Die Buchstützensuche nach Museums- und vor Restaurantbesuch in fremden Städten ist längst Ge-

schichte. Ein Aufruf unter „bookends" bei eBay USA genügt und schon werden Tausende Buchstützen angeboten. Das erleichtert den Einkauf. Manchmal – wenn mehrere gleichartige Stützen konkurrieren – zu günstigeren Preisen als früher. Teurer wird es, wenn eine seltene Stütze nur einmal angeboten wird; dann steigt der Preis.

Inzwischen fanden die ersten Buchstützenversteigerungen statt. Im April 2014 versteigerte Bonhams in London „The world's largest collection of art deco bookends". Alle 180 Stützen sind im Auktionskatalog (Abb. 1) abgebildet.[2]

2 Zu der Pelikan-Stütze, die den Auktionskatalog ziert, siehe Schaufenster 5.

2021/2022 kamen in drei Aktionen, von mir zunächst unbemerkt, bei giquello in Paris die von einem Buchhändlerpaar zusammengetragenen 334 Buchstützen unter den Hammer. Wie vielfältig die Buchstützenwelt ist, zeigt die Tatsache, dass ich von den versteigerten, häufig französischen Stützen, nur eine vergleichsweise geringe Zahl besitze.

II BUCHSTÜTZENKUNDE?

Während die Buchkunde, also die Buchwissenschaft, unermesslich reiche Felder beackert, verharrt die Buchstützenkunde im Ödland. Das Thema „Buchstützen" war lange Zeit eine terra incognita. Nichts in der kunstwissenschaftlichen Literatur über diesen kunsthandwerklichen Gebrauchsgegenstand. Nichts in der Fachliteratur des Antiquitätenhandels über diese potentielle Ware; bis auf einen versteckten Beitrag in einem amerikanischen Blatt.[3] Nichts in der „Wohnen mit Büchern"[4]- und in der „Mit Büchern Wohnen"[5]-Literatur.

3 Patricia Bayer: Bookends: Betwixt and Between, Antiques World, Summer 1979, S. 84-87.

4 Franco Magnani: Wohnen mit Büchern, Tübingen 1981. Abteilung Schrifttum im Reichsministerium für Volksaufklärung und Propaganda: Wohnen mit Büchern. Bücherborde. Bücherschränke. Bücherzimmer, Berlin o. J. Dieses in der Nazizeit erschienene, mit zahlreichen Abbildungen ausgestattete Buch beginnt mit dem schicksalsträchtigen Satz: „Der deutsche Mensch steht zu seinem Buche in einem ganz besonderen Verhältnis." Buchstützen bleiben, da sie nicht auftauchen, von diesem Verhältnis ausgeschlossen.

5 Karl Baur: Mit Büchern Wohnen, München 1958. Auch in Alan Powers: Vivre parmi les livres, Courbevoie 1999 tauchen auf den ca. 250 fotografierten Bücherwänden nur ganz vesteckt zwei unscheinbare Buchstützen auf. Falls auf den dort dicht besiedelten Bücherregalen Bücher überhaupt gestützt werden müssen, besorgen das horizontale Bücherstapel; zugegeben praktisch und Raum für Bücher schaffend. Dementsprechend fehlt im Index des Buches auch das Stichwort „serre livres".

Und auch die buchwissenschaftlichen Handbücher und Lexika beschäftigen sich – soweit ich sehe – nicht intensiver mit Buchstützen. So behandelt z. B. Reclams Sachlexikon des Buches[6] zwar das „Buchfass" zum Versand von Büchern, aber nicht das „Buchregal", wo das Buch nach dem Versand hin und wieder neben einer Buchstütze landet. Und der schädliche „Bücherwurm" wird nicht nur mit Bild auf dem Frontispiz des Lexikons, sondern auch mit einem längeren Artikel gewürdigt, während die nützliche Buchstütze leer ausgeht.

Eigentlich seltsam, dass ein Gegenstand, der seinen Platz neben dem Buch hat, in diesem bis vor Kurzem keinen Platz fand.

Nicht zuletzt die leichte Erreichbarkeit von Buchstützen via Internet dürfte der Grund sein, dass es seit Mitte der 1990er Jahre eine wachsende Schar von Buchstützen-Sammlern gibt; allerdings fast nur in den USA. Und da dort jedes Sammelgebiet umfangreiche Literatur nach sich zieht, sind inzwischen folgende Bücher über Buchstützen erschienen:

- ▷ Robert Seecof/Donna Seecof/Louis Kuritzky: Bookend REVUE. Schiffer Publishing Ltd., Atglen 1996 mit einer kurzen Einleitung zur Entstehungsgeschichte von Buchstützen.
- ▷ Gerald P. McBride: A COLLECTOR'S GUIDE TO CAST METAL BOOKENDS. Schiffer Publishing Ltd., Atglen 1997 mit einer Einführung zu den unterschiedlichen Methoden beim Metallguss.
- ▷ Louis Kuritzky: Collector's Guide to BOOKENDS. Identification and Values. Schroeder Publishing Co., Inc., Paducah 1998.
- ▷ Louis Kuritzky/Charles de Costa: Collector's Encyclopedia of Bookends. Schroeder Publishing Co., Inc., Paducah 2006. Eine bienenfleißige Zusammenstellung von Buchstützen, sortiert nach Motiven – von „Agricultural" bis „Western".
- ▷ Robert Seecof/Donna Seecof: BOOKENDS. OBJECTS OF ART AND FASHION. Schiffer Publishing Ltd., Atglen 2012. Eine erweiterte Fassung des 1996 erschienenen Buchs mit einer knappen Liste von 64 Manufakturen (darunter nur drei europäische).

Allen fünf Büchern gemeinsam ist, dass nahezu ausschließlich Buchstützen aus den USA gezeigt werden. Buchstützen aus Europa findet man sehr selten. Von den in den fünf Büchern aufgenommenen rund 4.500 Abbildungen dürften nach meiner Schätzung höchstens 2 % europäische Buchstützen zeigen. Wenn ich es richtig sehe, erscheint nur eine Buchstütze von Lalique (vgl. Schaufenster 6) oder von Edgar Brand (vgl. Schaufenster 5), keine von Amalric Walter (vgl. Schaufenster 8). Aber selbst von den über 20 bookends von Tiffany & Co. (vgl. Schaufenster 4) werden lediglich vier bildhaft gewürdigt.

Das hier vorgelegte Buch ist also keineswegs überflüssig.

Einen kleinen Lichtblick bietet lediglich die deutsche Ausgabe von Estelle Ellis, Caroline Seebohm, Christopher Simon Sykes: Mit Büchern leben, Frankfurt a. M. 1997. Bildet das Buch doch auf dem Titelblatt vier Bücher ab, die von zwei Metall-Pferden gestützt werden. Und in dem Beitrag über die Bibliothek des Designers (u. a. für Alessi) und Architekten (u. a. von Bibliotheksgebäuden) Michael Graves wird nicht nur eine der zahlreichen von ihm entworfenen Mickey-Mouse-Winkel-Buchstützen, sondern auch seine seltene, an eine architektonische Fassade angelehnte Buchstütze aus Holz abgebildet.

6 Ursula Rautenberg (Hrsg.): Reclams Sachlexikon des Buches. Von der Handschrift zum E-Book. 3. Auflage, Stuttgart 2015.

III AUSSTELLUNGEN VON BUCHSTÜTZEN?

Bis Anfang der 1990er Jahre gab es keine Sammler von Buchstützen.
Dementsprechend auch lange keine Buchstützen-Ausstellungen. Mit inzwischen fünf rühmlichen Ausnahmen:

- ▷ 1988 organisierten das Stedelijk Museum und die Galerie 'T Koetshuys in Schiedam eine Ausstellung zum Thema „Boekensteunen", an der sich 40 aktive niederländische Keramiker beteiligten.[7] Der Katalog zu dieser Ausstellung (Abb. 2) hat eine dem Gegenstand angemessene Form gefunden: Er ist Buch und Buchstütze zugleich.
- ▷ Kurz darauf, von Ende 1989 bis Ende 1990, fand in den USA eine Ausstellung statt, zu der Designerinnen und Kunsthandwerker neben Papierarbeiten 20 Buchstützen beisteuerten. Zur Ausstellung, die in fünf Museen und Colleges in Maryland und Virginia gastierte, erschien ein kleinformatiger, reich bebilderter Katalog.[8]
- ▷ Es dauerte über 30 Jahre, bis sich erneut ein Museum fand, das aktiven Kunsthandwerkern Platz einräumte, frisch geschaffene Buchstützen zu präsentieren. 2021 organisierte das Handwerksmuseum der Stadt Deggendorf unter dem vollmundigen Titel „STÜTZEN der Gesellschaft – BUCHSTÜTZEN NEU ENTDECKT" eine Ausstellung von Buchstützen.[9]
- ▷ Die – weltweit möglicherweise – erste Ausstellung historischer Buchstützen veranstaltete der „Hannoversche Bibliophilen Abend" 2011 in der Stadtbibliothek Hannover. Unter dem Titel „Dem Buch eine Stütze geben" wurden ca. 200 Buchstützen ausgestellt; darunter auch einige aus meiner Sammlung. Initiator war der Professor für Buchgeschichte (und nicht für Kunstgeschichte) Hans-Peter Schramm. Der Redakteur der Hannoverschen Allgemeinen Zeitung kennzeichnete aus Anlass der Ausstellung Buchstützen wie folgt: *„Sie gelten landläufig als Inbegriff des Banalen. Als einziger Teil des Bücherregals, der kulturell vollkommen belanglos ist. Bücher mögen sich daran anlehnen. Deren Besitzern sind sie egal.*

2

7 Einige der bei dieser Gelegenheit erworbenen Buchstützen werden im Schaufenster 31 gezeigt.
8 Carol Barton/Henry Barrow: Books & Bookends. Sculptural Approaches, Forestville 1990.
9 Siehe dazu Schaufenster 33.

Und ihre Schöpfer bleiben meist auf ewig namenlos. ‚In Deutschland ist die Geschichte der Buchstütze im wesentlichen noch ungeschrieben'".[10]

▷ Einen Monat nach Schluss der Hannoverschen Ausstellung präsentierte die „Mosman Library" im fernen Sydney eine große Zahl historischer Buchstützen; viele von australischen Kunsthandwerkern. Ein Begleittext zur Ausstellung belegt, dass Australien ein Hotspot für Buchstützen war. Über Jahrzehnte waren Buchstützen dort das beliebteste Hochzeitsgeschenk! *„In 1947 a piece of gold from Kalgoorlie was mounted on Mulga wood bookends as a wedding gift for Princess Elizabeth. … Endless gift lists noted bookends as suitable for men and students. While a gift list for the ‚Mere Man' recommended bookends for a girl who likes reading thus saving the trouble of trying to find out what she liked to read! A short article in the ‚Cairns Post' reported a bride presenting her groom with ‚a collection of books and book-ends' as a wedding gift. … Bookend culture was also a source of amusement and numerous cartoons were published. One showed a recently married couple asking a guest about his gift and on learning it is a set of bookends, the bride decides ‚we must buy some books'".*[11]

Dass Buchstützen zwar nicht Ausstellungen, dafür aber die Aussteuer bereichern können, war für mich neu. Aber eigentlich naheliegend, versprechen sie doch als Paar für längere Zeit Halt und Stütze. Womit wir uns der Typologie von Buchstützen nähern.

10 Simon Benne: Hannoversche Allgemeine Zeitung 2011. Zeitungsausschnitt o. D.

11 Mosman Library blog. April 11.2011: Bookends: another chapter.

IV ZUR TYPOLOGIE VON BUCHSTÜTZEN

Buchstützen lassen sich grob in Rechte-Winkel-Buchstützen und plastische Buchstützen teilen. Die Rechte-Winkel-Buchstützen sind die funktionstüchtigsten. Sie stützen – unterstützt durch das Buch auf der planen Plattform – am sichersten selbst voluminöse Bücher. Sie nehmen den Büchern keinen Platz weg. Sie konkurrieren – da weitgehend unsichtbar – nicht mit schön gestalteten Buchrücken.

Wer allerdings meint, sie seien – weil einfach – auch preiswert, kennt nur Soennecken-Winkelbleche. Schon die frühen, handgearbeiteten Stützen der Arts and Crafts-Bewegung[12] oder einige frühe aus Ostasien[13] hatten und haben ihren Preis. Und die Blechstützen des Gothaer Ruppelwerks, die zum Teil umstandslos der Bauhausmitarbeiterin Marianne Brandt zugeschrieben werden,[14] steigen weiter im Preis. Den Preisgipfel erreichen die Tiffany-Buchstützen; allerdings beschränken sie sich auch nicht auf eingefärbtes Blech.[15]

Die plastischen Buchstützen kranken zwar häufig an vielfältigen Mängeln: Sie stützen manchmal nur eingeschränkt, zudem bestreiten sie auf dem Bücherregal regelmäßig den Büchern den Platz. Dazu sind manche nicht nach dem Kunstgeschmack mancher. Dennoch, es gibt auch kunstvolle, zudem fantasievolle; nicht wenige von begabten Kunsthandwerkern und/oder berühmten Manufakturen; dazu vielfältig in Material und Gestalt.

Vorwiegend die plastischen Buchstützen konfrontieren den Liebhaber allerdings mit einem Problem:

12 Siehe dazu Schaufenster 1.

13 Siehe dazu Schaufenster 13.

14 Siehe dazu Schaufenster 3.

15 Siehe dazu Schaufenster 4.

Buchstützen werden paarweise produziert. Leider stößt der Sammler nicht selten auf vereinzelte Exemplare. Die Freude über deren Schöpfung trübt die Gewissheit der Unvollständigkeit. „Es ist nicht gut, dass sie alleine sei", grämt sich der Sammler und trachtet danach, eines Tages noch das Gegenstück zu finden. Gegenstück ist dabei nicht gleich Gegenstück. Zwei Kategorien lassen sich unterscheiden:

Einmal die identischen Gegenstücke; hier wird eine Stütze lediglich verdoppelt. Diese „Doppelgänger" machen den Großteil dieser Buchstützen aus; vielleicht weil sie geringere Mühe bereiten: der Entwerfer braucht nur einen Entwurf, der Fabrikant nur eine leicht abgewandelte, zweite weitere Form; und der Käufer braucht keinen Gedanken an Aufstellung und Sinn der Stützen zu verschwenden.

Anspruchsvoller sind dagegen die Buchstützen, die aus zwei unterschiedlichen Teilen bestehen. Der Künstler schafft zwei eigenständige Plastiken, die aber so aufeinander bezogen sind, dass sie ein gemeinsames Ganzes ergeben. Diese Stützen sind selten und das ganze Glück des Sammlers. Regen sie doch erst so richtig die Phantasie an …

Eine eher krude Abart dieses Typus sind die „halbierten" Stützen.[16] Ein Ganzes wird einfach in zwei Hälften geschnitten: meist Tiere von einiger Länge, ein Krokodil, ein Dackel oder ein Bücherwurm. Gleich wie man zu solchem Sezieren steht, derartige Buchstützen empfehlen sich nur bei kleinen Büchermengen. Drängen sich zu viele Bücher zwischen Kopf und Schwanz, geht der Zusammenhang verloren.

Eine Kategorie von Buchstützen verabscheut der Sammler: Solche, bei denen die Funktion des Stützens und die Form auseinanderfallen. Prototyp: die Kugel aus Onyx im Winkel aus Onyx. Die Kugel stützt nicht die Bücher; höchstens hindern diese die Kugel wegzurollen. Ob erst hier der Kitsch beginnt oder schon beim röhrenden Hirsch aus Oberammergau, liegt im Auge des Betrachters.

V DIE BUCHSTÜTZE – KUNST GEGEN UMFALLGEFAHR?

Wie der Name schon sagt, sollen Buchstützen Bücher stützen. Zweifel an der Funktionsfähigkeit drängen sich auf. Henry Petroski, der Verfasser eines grundlegenden Buchs über Bücherregale, schildert den täglichen Kampf zwischen Büchern und Stütze mit bewegenden Worten:

„Bookends, those curious constructions that are supposed to hold books back as a dam does water, may or may not support either the slender or the squat. As dams sometimes do, bookends slip and tip over, opening up cracks in the once-tight facade of book backs and allowing blocks of books to topple over in an unsightly pile. …
Indeed, gravity, the force that makes bookends work, is the very definition of verticality. Yet it is the equally definitive horizontal force, caused by the bearing down of the bookend's weight, that creates the force which resists sliding. …
When called upon, bookends – many of which are really nothing but sculpted blocks – develop a horizontal push to shore up books that want to fall. …
The heavier and taller the bookend, the better. Beyond that, there is little that can be done to a bookend to assist it in its function on the bookshelf." [17]

16 Siehe dazu Schaufenster 19.

17 Henry Petroski: The book on the bookshelf. New York 1999, S. 15 f.

In der Tat sind viele künstlerisch ambitionierte Buchstützen zum Stützen kaum zu gebrauchen. Das gilt insbesondere für viele Keramik- oder Porzellan-Stützen. Selbst wenn man sie durch ein am Boden eigens eingelassenes, verschließbares Loch mit Sand beschwert, werden sie meist von schweren Folianten beiseite geschoben. Das gilt häufig auch für Stützen aus Holz und aus Bakelit. Besser erfüllen ihren Zweck schon schwerere Glasstützen, wenn ihr Boden rutschfest ausgestattet ist.
Am ehesten bieten Stützen aus Eisen oder Bronze Halt; vorausgesetzt ihr Gewicht erlaubt es, gegen einstürzende Bücherreihen aufzukommen. So bieten z. B. die fast einen Viertel Zentner wiegenden Bronze-Stützen des französischen Bildhauers Demétre Chiparus[18] nicht nur Taschenbüchern, sondern auch den schwersten Folianten festen Halt.

Am sichersten stützen Rechte-Winkel-Stützen. Insbesondere die „Zungen-Stützen“[19] sind unverrückbar. Angesichts ihrer preiswerten, schlichten und funktionstüchtigen Konstruktion können Puristen sie für das Nonplusultra halten; mit Fug und Recht, solange man nur den Gebrauchswert von Buchstützen im Auge hat. Wer dagegen Kunstfertigkeit und Phantasie bei der Gestaltung vieler Buchstützen im Blick behält, wird selbst mangelnde Gebrauchstüchtigkeit öfter verzeihen.

VI DIE ERFINDUNG DER BUCHSTÜTZE

Wer annimmt, Buchstützen hätten seit alters her Bücher gesäumt, irrt. Anders als das aufgeschlagene Buch – zu seiner Stütze dient seit dem Mittelalter das Lesepult – bleibt das geschlossene Buch über Jahrhunderte ungestützt; das Buch findet höchstens im Buch seine Stütze. Die Vermutung, die Art der Buchaufbewahrung begründete das Fehlen und Auftauchen von Buchstützen, liegt nahe, ist aber unzutreffend. Zwar werden seit dem ausgehenden Mittelalter Bücher auch in (Wand-)Schränken untergebracht: eine Aufbewahrung, die Buchstützen weitgehend überflüssig zu machen scheint. Daneben gibt es aber schon immer Bücherborde und Bücherregale,[20] ohne dass je jemand daran gedacht hätte, Bücher durch Buchstützen vorm Umstürzen zu bewahren.
Dass es vom ausgehenden Mittelalter bis in die neueste Zeit keine Buchstützen gab, zeigt der Blick auf Lesende, Studierzimmer und Bibliotheken. Auf den fast 40 Abbildungen von Bücherborden und Bücheregalen vom Beginn des 15. Jahrhunderts an, mit denen Henry Petroski sein Buch über Bücherregale schmückt,[21] taucht keine einzige Buchstütze auf. Zu den drei Varianten von Albrecht Dürers „Der heilige Hieronymus in seinem Studierzimmer“ bemerkt Petroski zu der dort gezeigten Aufbewahrung der Bücher zutreffend:
„However, if it was common at the time for books to be standing upright between bookends, as they might be on a shelf today, it would seem that Dürer would certainly have so rendered them.“[22]

18 Siehe Schaufenster 20.
19 Siehe dazu unten Abb. 5 und 7.

20 Vgl. das Bildmaterial in Eva-Maria Hanebutt-Benz: Die Kunst des Lesens. Lesemöbel und Leseverhalten vom Mittelalter bis zur Gegenwart, Frankfurt am Main 1985.
21 A.a.O., Fn. 17.
22 A.a.O., S. 111. Die Einschätzung Petroskis lässt sich durch die zahlreichen Hieronymus-Darstellungen anderer Künstler untermauern (s. dazu Görel Cavalli-Björkman: Hieronymus in der Studierstube und das Vanitas-Stilleben. In: Sabine Schulze (Hrsg.): LESELUST. Niederländische Malerei von Rembrandt bis Vermeer. Schirn Kunsthalle Frankfurt 1993, S. 47-53). Wenn dort Bücher auftauchen, werden sie nicht gestützt. Nur hin und wieder lehnen sie sich an einen Toten-

3

Dementsprechend ging es beim Aufbewahren von Büchern häufig wie Kraut und Rüben zu. Selbst in Wandschränken herrscht regelmäßig ein wahres Tohuwabohu (Abb. 3).[23]

Es stellt sich danach die Frage, ab wann tauchen Buchstützen auf?
Ich behaupte, dass es vor dem letzten Viertel des 19. Jahrhunderts keine Buchstützen gab. Jedenfalls habe ich keine entdecken können.

schädel an; eine trügerische Stütze; steht dieser doch als Symbol für die Hinfälligkeit selbst des in Büchern gespeicherten menschlichen Wissens.

23 Titelholzschnitt zu Persius Flaccus (Aulus): Satyrarum Opus. Venedig 1494. Diese Abbildung nicht bei Henry Petroski.

Bekannt ist lediglich als eine Art Vorläufer der Buchstütze das Buchbrett. Häufig aus Holz (Abb. 4), aber auch aus Metall; z.T. auszieh- und faltbar.[24] Das Buchbrett diente insbesondere in England im 19. Jahrhundert zum Aufstellen und Bewegen einer kleineren Zahl von Büchern.

Der Ruf, Bücher zu stützen, wird erst im letzten Drittel des 19. Jahrhunderts laut. Hervorgerufen wird er zum einen durch die – dank zunehmender Alphabetisierung – stark steigende Bücherflut. Ausschlaggebend dürfte aber die neuartige, preiswerte, nicht

24 Siehe z.B. aus späterer Zeit das „adjustable book rack" – „Grapevine" von Tiffany & Co. im Schaufenster 4.

4

mehr standfeste Bindung vieler neuer Bücher gewesen sein.

Über die Notwendigkeit und ungenügende Anläufe zum Stützen von Büchern berichtet unter der Überschrift „Book Supports“ 1891 der Verkaufskatalog der von dem amerikanischen Bibliothekar Melvil Dewey für Bibliotheksausrüstungen gegründeten Firma „Library Bureau“:

„Every library learns by sad experience how important a factor they are in preserving bindings, keeping the shelves sightly, and books upright. Every bookowner has trouble from books dropping over on their sides or tipping part way. Many modern books have covers so thin that they are little better than flexible leather or stiff paper, and unless braced they 'squash down' as does an unsupported pamflet. Every binder is largely indebted to the carelessness of bookowners in this respect. Books half tipped over soon have the threads broken, the binding is ruined, and must be replaced. If the threads are strong, the book may stand the strain, but become so warped that it can never be straightened. To avoid these evils, scores of devices have been made, tried, and rejected as not worthy adoption; unsatisfactory in working, unsightly on shelves, taking up room needed for books, heavy, bulky, clumsy, with springs constantly getting out of order, adapted to only one use or to only one thickness of shelf, and too expensive for wide use. The want has led to many efforts to supply it.

Our first book braces, copied from the Boston Public Library, were cubes of wood about 15 cm on each edge, and cut thru diagonally. These took much room, and were easily moved from lack of weight. After these came the pressed brick, covered with paper.

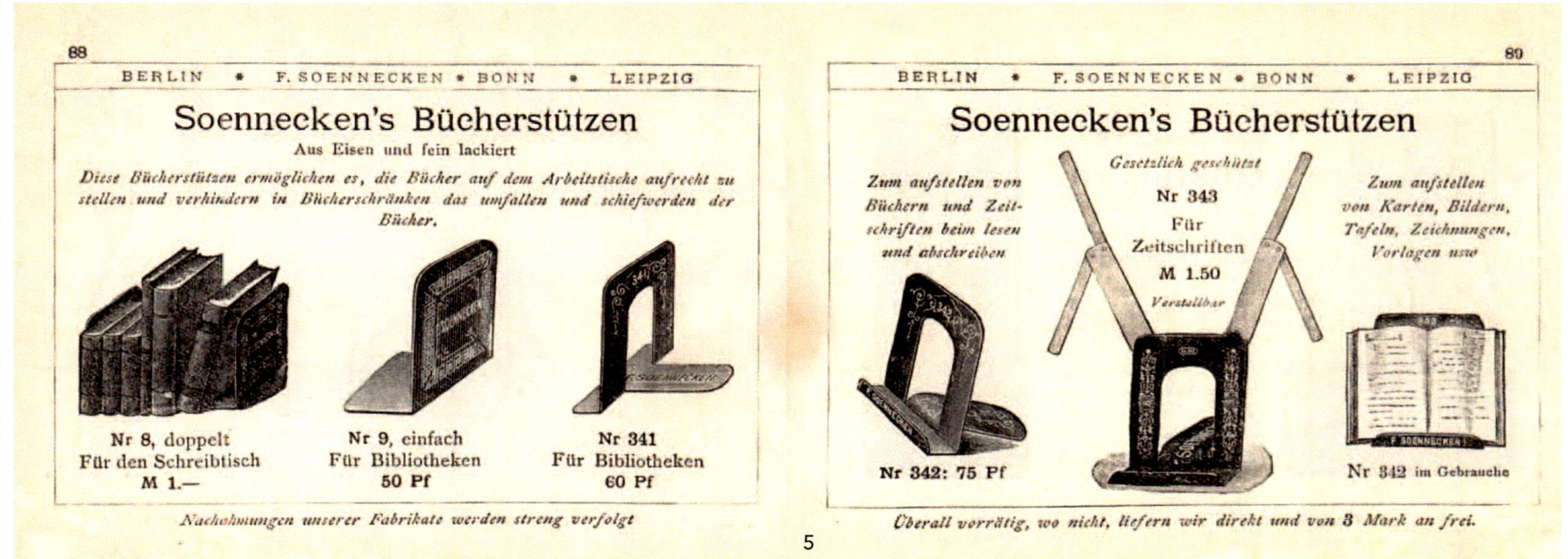

5

This took less room and held the books better; but they were dropped and broken, or broke something else, including the toes of attendants, were clumsy on shelves and off, and would not hold up tall books. Some to this day use these bricks, and say that the space taken is not a strong objection, because if there is space on the shelf it makes no difference, and if there is no space, then the brace is unnecessary. They forget that when the shelf is filled the brick must be taken out and put somewhere to store it, and that two books will go anywhere that one brick can be put."[25]

Die ersten Buchstützen sind die Rechte-Winkel-Stützen. Zunächst vermutete ich, dass die Firma Soennecken Wegbereiterin dieser Stütze gewesen sei. Drohte sie doch in ihrem Verkaufskatalog von 1892/93, der erstmals in Deutschland freistehende Rechte-Winkel-Stützen anbot, mit dem Satz „*Nachahmungen unserer Fabrikate werden streng verfolgt*" (Abb. 5). Diese Drohung stand – jedenfalls was die Form der einfachen Rechte-Winkel-Stütze angeht – auf wackeligen Füßen. Die Stütze für meinen Zweifel fand ich in dem Buch von Henry Petroski. Dieser bemerkt – eher beiläufig –, Metall-Winkel-Stützen seien in den 1870er Jahren patentiert worden.[26] Einen Beleg dafür nennt Petroski nicht. Auch die in den USA bisher zu bookends erschienene Literatur kümmert sich nicht um die Erfindung der Rechte-Winkel-Buchstütze.[27] Deshalb bringe ich hier die Abbildung zu dem US-Patent, das William Stebbins Barnard erteilt wurde (Abb. 6).[28]

25 H. E. Davidson & W. E. Parker: Classified Illustrated Catalog of Library Bureau. Boston/New York 1891, S. 68. Erstaunlich, dass in der oben erwähnten amerikanischen Literatur zu „bookends" diese Quelle nicht auftaucht.

26 A.a.O., (Fn. 17), S. 16.

27 Selbst der Ausstellungskatalog zu der Wanderausstellung in den USA (s. Fn. 8), der über 60 „Patente" für Buchstützen und für andere dem Buch dienende Neuerungen abbildet, kennt die Erfindung der Winkel-Stütze nicht.

28 Wobei auffällt, daß der Erfinder die gestützten Bücher zwar stehend, aber mit dem Rücken nach oben stützen will.

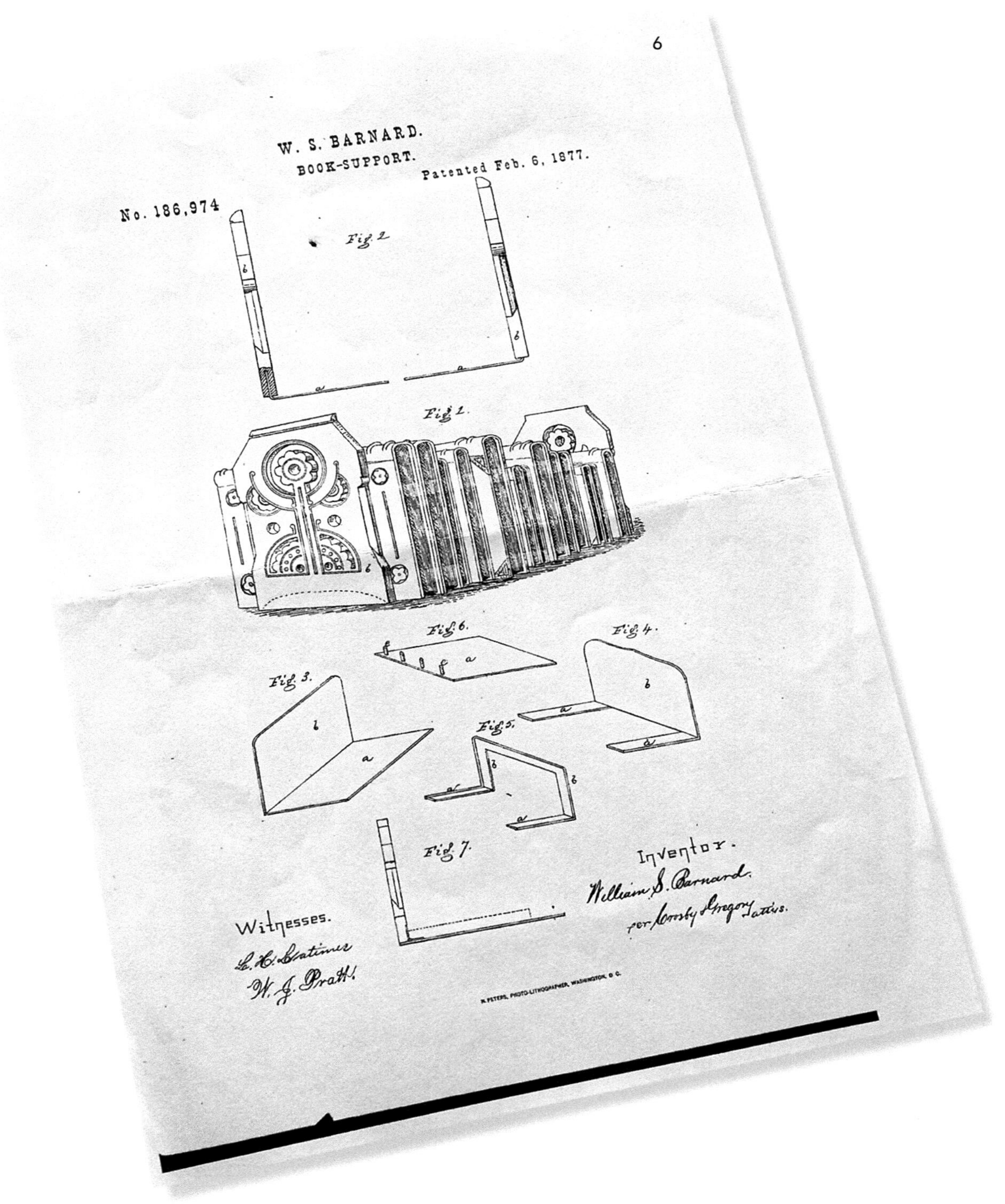
6
W. S. BARNARD.
BOOK-SUPPORT.
Patented Feb. 6, 1877.
No. 186,974
Fig. 2
Fig. 1.
Fig. 6.
Fig. 4.
Fig. 3.
Fig. 5.
Fig. 7.
Inventor.
William S. Barnard.
per Crosby Gregory attys.
Witnesses.
W. J. Pratt.

Barnard gibt seiner Erfindung nicht den irreführenden Namen „bookends", sondern bezeichnet sie zutreffend als „booksupport" oder „bookholder".

In seiner Patentschrift kritisiert er die Schwäche der bis dahin gebräuchlichen Buchbretter:
„Bookracks or holders with a base of limited length, and with side pieces hinged or otherwise fastened thereto, are also used, but such holders are not readily adapted to greatly varying numbers of books, and their capacity is extremely limited."
Er führt dann im Einzelnen auf, wie und aus welchen Materialien die Winkel hergestellt werden können; dabei taucht auch die Buchstütze aus gefaltetem Blech auf. Auch für die künstlerische Gestaltung der Seitenwände macht er Vorschläge.
Dem möglichen Einwand, eigentlich seien Winkel aus Metall nichts Neues, begegnet er mit den Worten:
„I do not broadly claim a single angular metallic plate in the abstract; but I am not aware that an angular end piece has been made and used, as herein described, to support books upright."

Dementsprechend beantragt Barnard als Patent:
„1. As a new article of manufacture, a book support or holder, composed of separate and unconnected end pieces movable toward or away from each other, substantially as described, the bases being adapted to extend under and be held down by the book or books at either end of a row of books, and the side pieces to support the outermost books at either end of the row in a vertical position, as set forth.
2. An end piece for a book support or holder, composed of a base a, in combination with its side piece b, connected substantially as described, whereby they may be placed in parallel planes, when required, as and for the purpose set forth."

Am 6.2.1877 erhält er das Patent für seine heute vielleicht naheliegende Erfindung, auf die aber niemand vor ihm gekommen ist.

Ungeklärt bleibt danach noch, wem das Erstgeburtsrecht für die im Soennecken-Katalog (siehe Abb. 5) abgebildete Zungen-Stütze gebührt. In der Patentschrift Barnards taucht sie nicht auf. Dennoch, auch hier berühmt sich Soennecken zu Unrecht. Das beweist eine im Verkaufskatalog des „Library Bureau" 1891 angebotene Zungen-Stütze (Abb. 7), die möglicherweise von dem Bibliothekar Melvil Dewey stammt.
In dem Verkaufskatalog wird noch eine weitere neu entwickelte Buchstütze vorgestellt (Abb. 8). Die grazile Stütze hat sich nicht durchgesetzt; obgleich sie doch besonders ressourcenschonend und damit auch preiswert war. Auch diese Stütze stammt von einem amerikanischen Bibliothekar, von Josephus Nelson Larned.[29] Sie wird nicht als „book support", sondern unter der Bezeichnung „book brace" angeboten. Warum sich nicht diese beiden passenden Bezeichnungen, sondern das abwegige „bookends" im Englischen für Buchstützen durchgesetzt hat, bleibt mir ein Rätsel.

Mit der Erfindung und Einführung der Winkel-Stütze ist aber die weitere Frage nicht geklärt, wann die ersten plastischen Buchstützen auftauchen. Ich kann die Frage nur vage beantworten: Um 1900. Jedenfalls finde ich in der Literatur keine Stütze für eine plasti-

29 In einer Würdigung des Bibliothekars findet sich der den Umgang mit Buchstützen kennzeichnende, abwertende Satz, Larned habe sich um *„even such mundane subjects as kinds of book braces"* gekümmert (so Betty Young: Josephus Nelson Larned and the Public Library Movement. In: Journal of Library History, Band 10, Heft 4 (Oktober 1975), S. 323 ff. (326)).

Two L. B. used as Adjustable Book Rack.

L. B. Support on a Shelf.

28a. L. B. Book Support. This was the first satisfactory support devised, has been longest on trial, and its wide and ever-increasing use attests its efficiency. It serves not only for books and pamflets on the shelves, but in pairs the two supports make a perfect temporary shelf on table, floor, or ledge — indeed, anywhere, of any desired length, and serve equally well to hold upright a single pamflet or a very considerable library. This quality makes it the best support for office and home use. Thus is supplied a want often felt in every room where books are kept or handled.

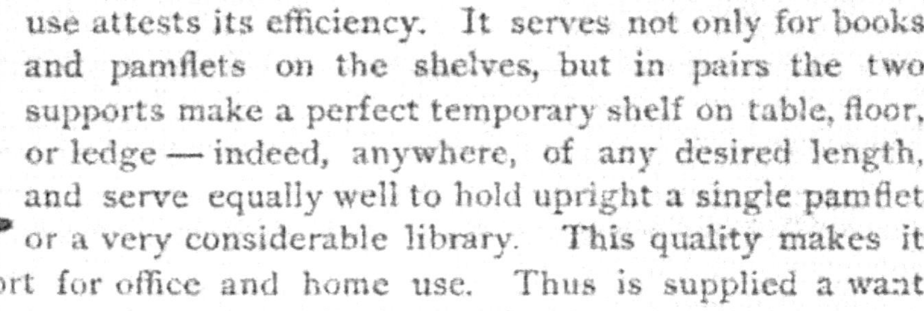

Description. The long plate on the shelf is held firmly in place by the weight of the books upon it. The shorter plate gives to the face which holds the books upright a spring, entirely lacking in all supports previously used.

It is exceedingly simple. There are no springs, screws, or joints to get out of order, or to injure fine bindings by scratches. It is a single piece of iron, of simple shape, taking only the space of a few leaves on shelf or table, so that greater durability is impossible. It packs in least space, nesting together, so that ten take no more room than one of the old supports.

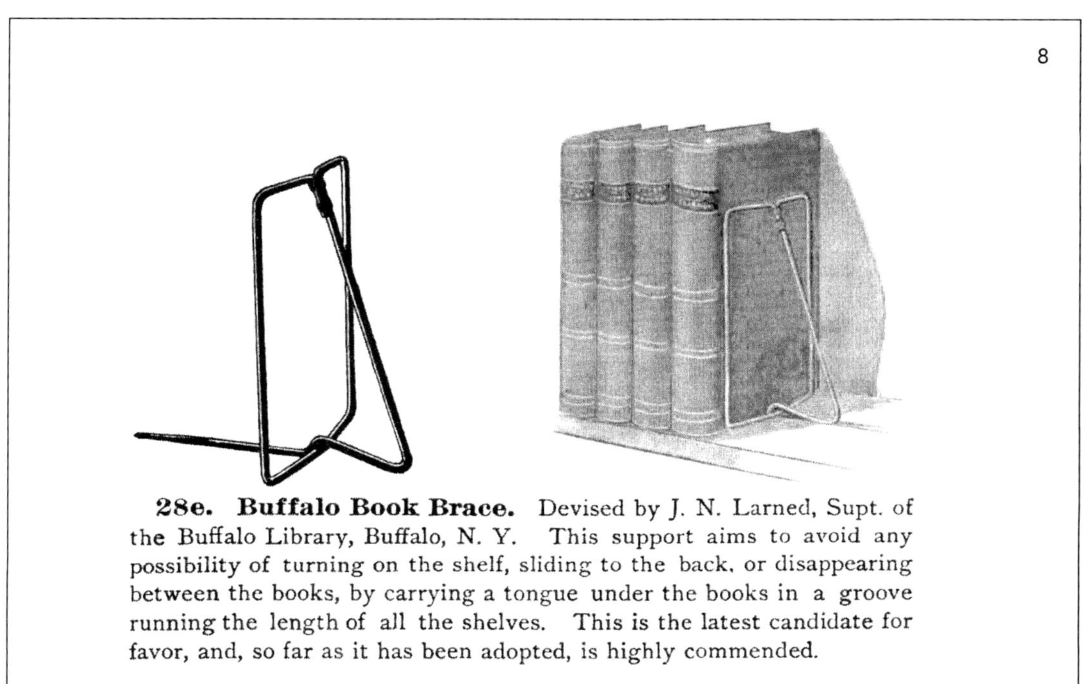
8

28e. Buffalo Book Brace. Devised by J. N. Larned, Supt. of the Buffalo Library, Buffalo, N. Y. This support aims to avoid any possibility of turning on the shelf, sliding to the back, or disappearing between the books, by carrying a tongue under the books in a groove running the length of all the shelves. This is the latest candidate for favor, and, so far as it has been adopted, is highly commended.

sche Buchstütze aus der Zeit vor 1900.[30]
Ein Indiz für das späte Auftauchen der Buchstütze ist die Tatsache, dass das Wort „bookend" erstmals 1907 im Oxford English Dictionary erscheint.[31]

VII ANSÄTZE EINER KULTURGESCHICHTE DER BUCHSTÜTZE

Spannender ist die Frage: Warum tauchen insbesondere die plastischen Buchstützen urplötzlich um und massenhaft ab 1900 auf?
Auf den ersten Blick und beim Anblick der Flut den Markt überschwemmender Buchstützen ist man geneigt, in den bahnbrechende Kunstrichtungen des Arts and Crafts, des Jugendstils und bald darauf des Art déco die Triebfeder für die Produktion von Buchstützen zu sehen. Das greift aber zu kurz. Zwar bedienen die Arts and Crafts-, Jugendstil- und Art déco-Künstler mit ihren Ideen und Formen den boomenden Buchstützenmarkt. Aber sie schaffen ihn nicht.
Seine Entstehung verdankt er vielmehr einer sich im 19. Jahrhundert verstärkenden Erscheinung: Die

---

30 Robert & Donna Seecof sprechen in ihrem Buch Bookends, Objects of Art & Fashion, Atglen 2012, S. 8 zwar von einer Buchstütze von 1892. Da diese nicht abgebildet und beschrieben ist, gehe ich aber davon aus, dass es sich um eine amerikanische Rechte-Winkel-Buchstütze handelt. In dem Buch von Carol McD. Wallace: Victorian Treasures, New York 1993, befindet sich unter 225 Abbildungen auf S. 54 zwar eine Buchstütze mit Shakespeare und Dickens, die mit ca. 1885 datiert wird. Für dieses Datum fehlt aber jeder Beweis.

31 Book, n. (2014). OED Online. Oxford University Press. Retrieved from http://www.oed.com/view/Entry/21412. Noch viel später – erst 1991! – wurde das Wort „Buchstütze" in die 20. Auflage des Duden aufgenommen (freundliche Auskunft des Duden-Kundenservice-Teams). Ein weiterer Beleg für die notorische Missachtung der Buchstütze.

Buchstütze ist ein Produkt der dynamischen industriellen Entwicklung[32] und der nach Werner Sombart durch sie erst möglichen *„sog. Demokratisierung alles sog. ‚Luxus'"*[33]:

„Es ist der höchste Stolz des Commis, dieselben Hemden wie der reiche Lebemann zu tragen, des Dienstmädchens, dasselbe Jackett wie seine Gnädige anzuhaben, der Fleischersmadam, dieselbe Plüschgarnitur wie Geheimraths zu besitzen u.s.w.. Ein Zug, der so alt wie die sociale Differenzierung zu sein scheint, ein Streben, das aber noch niemals so vortrefflich hat befriedigt werden können, wie in unserer Zeit, in der die Technik keine Schranken mehr für die Contrefaçon kennt, in der es keinen noch so kostbaren Stoff, keine noch so complicirte Form gibt, als daß sie nicht zum Zehntel des ursprünglichen Preises alsobald in Talmi nachgebildet werden könnte."

Die industrielle Revolution verändert nicht nur die Produktionsweise des Kunstgewerbes, sondern auch die Buchproduktion. Neue Drucktechniken (man denke nur an die 1886 eingeführte Druckmaschine von Linotype) und umwälzende Neuerungen bei der Papierherstellung führen im Laufe des 19. Jahrhunderts zu einer Verbilligung und Vervielfachung der Buchproduktion. Parallel dazu überschwemmt industriell produziertes Kunstgewerbe den Markt; einen aufnahmefähigen Markt: Die Zahl der Lesefähigen und Kulturbeflissenen steigt im Verlauf des 19. Jahrhunderts immens. Und diese wollen sich nicht nur bilden, sondern ihre Bildung auch vorzeigen. Und was wäre dazu besser geeignet als Bücher? Bücher waren schon in früheren Zeiten ein Prestigeobjekt. Adel, Klerus und städtisches Patriziat hatten durch prunkvolle Bibliotheken zu glänzen gesucht. Aber der durch industrielle Produktion erleichterte Zugang zum Buch erlaubt es nun auch der wachsenden Zahl der (Klein-) Bürger, ihr Heim und damit sich mit dem Buch zu schmücken. Viele können sich jetzt ein paar Bücher leisten; auch ein paar Prachtausgaben, die bedingt durch neue Reproduktionstechniken und das industrielle Pressen prächtiger Einbände vergleichsweise preiswert erstanden werden können. Insbesondere diese Prachtausgaben verschwinden nun nicht hinter den Türen von Bücherschränken, sondern werden präsentiert: auf dem Schreibtisch im Herrenzimmer, auf dem Paneelsofa im Wohnzimmer, auf der Kredenz im Speisezimmer.[34]

Und damit die Prachtausgaben nicht umstürzen, müssen sie gestützt werden. Und was wäre dazu besser geeignet als das Heer der industriell gefertigten Kleinplastiken?[35] Man muss sie nur an einer Seite im rechten Winkel produzieren, und schon ist die Buchstütze stützbereit.

---

32 Zum Folgenden vgl. auch ansatzweise Robert & Donna Seecof: Bookends, Atglen 2012, S. 7.

33 Werner Sombart: Wirtschaft und Mode, Ein Beitrag zur Theorie der modernen Bedarfsgestaltung. Wiesbaden 1902, S. 22.
Zur Entwicklung eines Massenmarktes für das Buch in der zweiten Hälfte des 19. Jahrhunderts s. neuerdings auch Ingolf Erler: Das Buch als soziales Symbol. Diplomarbeit Wien 2005, insbesondere S. 85 (http://ingolferler.net/ingolferler.net/Schriftlich_files/Diplomarbeit.pdf).

34 *„Das Bürgertum, politisch immer noch ohne Einfluß, organisiert sich in Literatur-, Kunst- und Geschichtsvereinen oder Liederkränzen, einig in der Pflege nationalen Kulturguts. Zu den Ritualen bürgerlicher und nationaler Selbstvergewisserung gehören Dichterfeiern und Denkmalsetzungen genauso wie der Erwerb entsprechender Prachtausgaben und Gipsbüsten, die demonstrativ in der guten Stube ausgestellt werden."* (So Ira Diana Mazzoni: Prachtausgaben. Literaturdenkmale in Quart und Folio. In: Marbacher Magazin 58/1991, S. 15).

35 *„Es gibt kein halbwegs anständiges Haus, wo man nicht Kunstbronzen, Fayencen, Skulpturen u. dgl. fände."* (So Friedrich Pecht: Kunst und Kunstindustrie auf der Pariser Weltausstellung 1878, Stuttgart 1878, S. 158).

Erscheinen Buchstützen erst mal auf dem Markt, wittern zunehmend Kunsthandwerker ihre Chance und Manufakturen einen Profit; auch die auf Luxusgüter spezialisierten. Je kunstvoller und aufwendiger Buchstützen werden, desto mehr erobern sie auch eine kaufkräftige Oberschicht. Aus dem Renommierstück des aufsteigenden (Klein-)Bürgertums wird ein Prestigeobjekt der Wohlhabenden. Selten allerdings in Deutschland. In den z.B. seit der Mitte des 19. Jahrhunderts in Berlin entstandenen prächtigen Villen des Bürgertums finden sich alle möglichen Kunstwerke und Antiquitäten, aber kaum Bibliotheken; da hatten es Buchstützen schwer, sich einzuschmuggeln.[36]
Anders dagegen in den USA und in Frankreich. So schmückte sich, wer in den USA etwas auf sich hielt und das nötige Kleingeld hatte, gerne mit einer Schreibtischgarnitur von Tiffany & Co., zu der jeweils auch ein Buchstützenpaar zählte; u.a. auch die Präsidenten Woodrow Wilson und George Bush Senior glänzten mit solchen Garnituren.[37] Noch heute entdeckt man bei Fernsehinterviews aus dem Weißen Haus häufig im Hintergrund Bücherborde mit Buchstützen. Und in Frankreich sorgten insbesondere in den 1920er Jahren berühmte Kunsthandwerker und Manufakturen für Glanz, ja Luxus auf Schreibtischen und Bücherwänden mit Buchstützen. So u.a. der „Maître de la pâte de verre", Amalric Walter[38], die Glasmanufaktur Lalique[39] und der „Teuerste Schmied der Welt", Edgar Brandt.[40] Und wie das Buch die Bildung, dokumentierte die Buchstütze den guten Geschmack der Gastgeber oder das, was sie oder der Sammler dafür hielten oder hält.

36 Vgl. das reichhaltige Bildmaterial in: Ernst Siebel: Der großbürgerliche Salon 1850–1918. Geselligkeit und Wohnkultur. Berlin 1999.

37 Siehe George A. Kemeny & Donald Miller: Tiffany Desk Treasures. New York 2002, S. 27: Woodrow Wilsons Schreibtisch mit dem „Grapevine-Set" und George Bush Senior mit dem „Zodiac-Set" (Siehe Schaufenster 4).

38 Siehe Schaufenster 8.

39 Siehe Schaufenster 6.

VIII BOOKENDS ENDE?

Im Katalog zur jüngst vom Deggendorfer Handwerksmuseum veranstalteten Buchstützen-Ausstellung findet sich die hoffnungsvolle Voraussage: *„Dass Buchstützen ebenso wie die gestützten Bücher nicht von gestern sind, stellen die ausgewählten 40 Buchstützen(paare) von 39 Kunsthandwerkenden … ausdrücklich unter Beweis."* [41]
Wenn diese Hoffnung nur nicht trügt.
Zwar ergoss sich noch „gestern", vor allem im ersten Drittel des 20. Jahrhunderts, eine wahre Flut von Buchstützen auf einen aufnahmebereiten Markt. Im ersten Viertel des 21. Jahrhunderts ist der Strom dagegen weitgehend versiegt.
Drei Ausnahmen bestätigen in meinen Augen nur die Regel:

- ▷ Die in Deggendorf käuflichen, kunsthandwerklich sehr ansprechenden und zum Teil ungewöhnlich funktionalen Stützen wurden nur zum Teil verkauft. Ich glaube nicht, dass dies durch die pandemiebedingte eingeschränkte Besuchsmöglichkeit verursacht ist. Auch die oben erwähnte erste Ausstellung von Buchstützen aktiver Kunsthandwerker in Holland war kein Erfolg.
- ▷ Seit über 20 Jahren steuert der Friedberger Künstler Bernhard Siller mit phantasievollen, praktischen und preiswerten Buchstützen gegen.[42]

40 Siehe Schaufenster 5.

41 Siehe Schaufenster 33.

42 Siehe Schaufenster 32.

Immerhin, sein Stand auf der Frankfurter Buchmesse stieß noch auf Interesse und fand noch Käufer unter den Bücherfreunden.

▷ Den Niedergang der Buchstützen-Kultur können auf den Kunstmarkt spekulierende Buchstützen-Editionen nicht aufhalten. Drei von berühmten deutschen Künstlern geschaffene, wegen ihres hohen Preises von mir nicht erworbene, deshalb auch hier nicht abgebildete Buchstützen seien wenigstens genannt:

- 1993 entwirft Markus Lüpertz zwei handbemalte Stützen aus Bronze in einer Auflage von nicht 1000, sondern limitiert auf 998 Exemplaren. Sie stützen die zehn Bände von Meyers Neues Lexikon, deren Einbände gleichfalls Lüpertz gestaltet.
- 1995 folgt Jörg Immendorf mit zwei grün patinierten, auf der stützenden Seite polierten Stützen in Form von Affen. Unter der Bezeichnung „alter ego" erscheinen diese Stützen in einer Auflage wiederum nicht von 1000, sondern nur von 992. Die 5000,– DM teure Buchstütze stützt nicht nur Bücher. Sie *„erfüllt alle Voraussetzungen, die erfahrene Kunstsammler und Kapitalanleger für eine dynamische Wertentwicklung für wichtig halten"*, verspricht der Verkaufsprospekt.
- 2012 gestaltet Günther Uecker die Einbände einer 20-bändigen Ausgabe von Werken ehemaliger Träger des Nobelpreises für Literatur. Dazu liefert er zwei Bronze-Stützen „Dithyrambe"; möglicherweise vorsichtig geworden durch die beiden vorangegangenen Editionen nur in einer Auflage von 500 Exemplaren.

Ueckers Edition erscheint unter dem Titel „Unalphabetische Zeilen". Vielleicht ein versteckter Hinweis, warum es mit Buchstützen bergab geht. Liegt es möglicherweise an der – angeblich – sinkenden Lust, Bücher auf Papier zu lesen und zu kaufen? Ein Indiz könnte der Preis für die zehn von Lüpertz gestalteten Lexikonbände sein. Während die dazu gehörenden Buchstützen – bei sinkender Tendenz – immer noch für weit über 1000,– € angeboten werden, liegt der Preis für die zehn aufwendig gestalteten Bände heutzutage bei unter 100,– €! Das belegt aber nur, dass Lexika in Buchform in der Wikipedia-Welt keine Zukunft haben. Anders als andere Bücher, deren Absatz trotz E-Books kaum abgenommen hat.

Mir scheint eher, dass die Präsentation von Bücherwänden und damit ein angestammter Platz für Buchstützen nicht mehr en vogue ist.[43] Wenn 50% eines Schülerjahrgangs Abitur machen, ist das Zurschaustellen von Bildung kein Unterscheidungsmerkmal mehr. Traf man sich früher mit einem Hochschullehrerkollegen gerne noch in seiner privaten Bibliothek, trifft man heute auf junge Professoren, die einem stolz das neueste iPad präsentieren; als wollten sie sagen: hier und in meinem Kopf ist alles Wissenswerte; und als einzige Stütze brauche ich eine praktische iPad-Stütze[44]; den Platz an der Wand fülle ich lieber mit moderner Graphik.

---

43 *„Daheim wirkt die Digitalisierung wie eine Einübung ins Großreinemachen. Da steht zwar noch Billy, das ikonische Ikea-Regal, aber darin stauben inzwischen Vasen und Urlaubsandenken vor sich hin. Die eigene Bibliothek ist im Lesegerät verschwunden oder in Auflösung. Vor gar nicht allzu langer Zeit bot ein Besuch immer auch die Gelegenheit, an der Bücherwand vorbeizuschlendern, den einen oder anderen Titel in die Hand zu nehmen – „Was, das haben Sie auch" zu murmeln, und sich so ein Bild zu machen von den Vorlieben der Leute. Manche breiteten da die halbe Lebensgeschichte als Lesegeschichte aus. Solche Gelehrtenstuben gibt es wohl noch, aber das Buch hat als Ausweis von Bildung und Geschmack seinen Logenplatz verloren". So Oliver Herwig, In: Süddeutsche Zeitung vom 21.6.2019.*

44 Zu einem Prototyp einer solchen Stütze siehe Schaufenster 33.

9

Bereits vor 30 Jahren wagte ein Keramiker, dessen Name mir leider entfallen ist, einen Blick in die Zukunft. Die damals für mich geschaffene Buchstütze (Abb. 9) mag als Beleg für sich verändernde Kommunikation zu Lasten u.a. auch der Buchstütze gelten.

Wie beim Hinsiechen häufig erhofft man sich Hilfe von der Medizin. 2014 kündigte das „Center for the history of Medicine and Public Health" in New York unter dem Titel „The Beginning of the Ends" eine Wiederbelebung der Buchstütze mit folgenden Worten an:
„The Center is excited to announce the founding of its newest program, the Center for Bookend Scholarship. Through the Center for Bookend Scholarship we aim to foster knowledge and appreciation of the most underappreciated object in the history of the book. We will encourage scholarly and public interest in the bookend through exhibitions, public programs, and research opportunities. … The New York Academy of Medicine Library has long held an interest in the bookend. Since our founding in 1847, we have intentionally amassed thousands of bookends. Strengths of the collection include American and functional bookends, but we are beginning to add to our European and decorative holdings. Through the Center for Bookend Scholarship, we will now dedicate more time and attention to these objects as we move forward in building the world's preeminent collection."[45]

Abgesehen davon, dass es 1847 noch keine Buchstützen gab; irgendwelche Aktivitäten folgten der Ankündigung nicht. Sie stammt vom 1. April 2014.

45 https://nyamcenterforhistory.org/tag/book-ends/

Die Schaufenster

1

„ARTS AND CRAFTS"-BUCHSTÜTZEN

Die „Arts and Crafts"-Bewegung, in England als Gegengewicht zur unpersönlichen industriellen Produktion geschaffen, fand gegen Ende des 19. Jahrhunderts auch in den USA tatkräftige Anhänger.

1

Der Amerikaner Elbert Hubbard, selbst kein Kunsthandwerker, gründet nach einer Englandreise, bei der er William Morris und die Kelmscott Press kennengelernt hatte, in East Aurora, New York zunächst einen Verlag, die Roycroft Press, und um 1900 die Metallmanufaktur Roycroft. Diese wird bald berühmt durch ihre handgearbeiteten Kupferwaren. Darunter auch über 50 Buchstützen. Karl Kipp, ab 1908 der wegweisende Gestalter bei Roycroft, preist die Buchstützen an mit den Worten:
„These … bookends of hand-modeled copper will be appreciated by everyone of good taste who has a den, library, living room or office."
Von den ca. 50 Roycroft-Stützen stelle ich lediglich 10 % vor. Darunter vier Stützen aus der frühen Periode zwischen 1909 und 1915, dem Jahr, als Elbert Hubbard und seine Frau auf dem durch deutsche U-Boote versenkten Luxus-Passagierschiff „Lusitania" ums Leben kommen.

Eine der frühesten Roycroft-Buchstützen dürfte die genietete, mit organischem Motiv versehene Stütze sein (Abb. 1).

Auch bei Roycroft haust die Eule der Minerva. Das zeigt die gleichfalls genietete Stütze mit gefalteten Ecken (Abb. 2).

2 3

Dass es auch ohne Eulen und stattdessen mit stilisierten Pfauen geht, beweist die in Abb. 3 gezeigte Stütze.

Die größte der Roycroft-Stützen gibt nicht nur voluminösen Büchern Halt. Sie erlaubt auch Büchern ihr Gesicht zu wahren (Abb. 4).

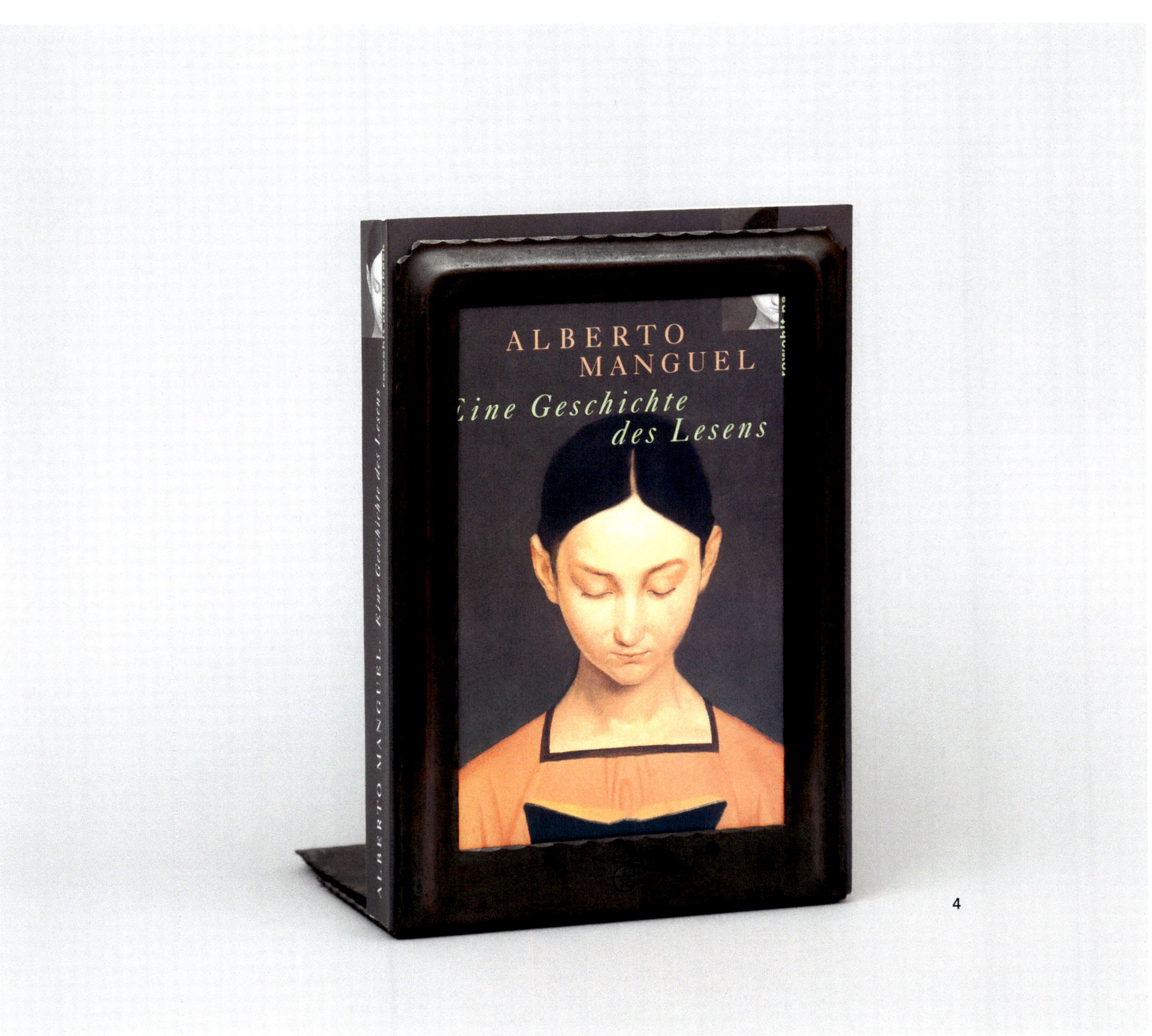
ALBERTO
MANGUEL
Eine Geschichte
des Lesens
ALBERTO MANGUEL · Eine Geschichte des Lesens

4

5

Aus der Zeit um 1934 stammt die in Abb. 5 gezeigte Buchstütze. Sie hat sich meilenweit von der Tradition des „Arts and Crafts" entfernt; besteht sie doch aus einem maschinell gefertigten, geschickt gefalteten Kupferblech mit gestanztem Motiv. Solche kostengünstigen Produkte konnten allerdings nicht verhindern, dass Roycroft 1938 in Konkurs ging.

Die frühen Erfolge von Roycroft ermutigten schon bald andere amerikanische Metallwarenmanufakturen, Gebrauchsgegenstände im Stil von „Arts and Crafts" herzustellen. So fertigen beispielsweise die 1919 von Carl W. Wirths in Brooklyn gegründeten „The Craftsman Studios" zahlreiche Buchstützen aus gehämmertem Kupfer.
Wenigstens eine dieser nach dem Umzug der Manufaktur 1921 nach Kalifornien entstandenen Stützen sei hier vorgestellt (Abb. 6).

6

Gleichfalls in der Tradition von „Arts and Crafts" schafft Otto Heintz von 1905 bis 1929 in Buffalo, New York Kupferwaren. Seine Spezialität sind Silbereinlagen in Kupfer. Auf diese Art entstehen auch zahlreiche Buchstützen.
Als Beispiele mögen die in Abb. 7 und Abb. 8 gezeigten Stützen dienen.

7 8

LITERATUR:

Kevin McConnell: ROYCROFT ART METAL. 3. Auflage Atglen 1999 mit zahlreichen Abbildungen von Buchstützen, insbesondere auf S. 41-49.

Kevin McConnell: More ROYCROFT ART METAL. Atglen 1995 mit zahlreichen Abbildungen von Buchstützen, insbesondere auf S. 52-59.

The Book of the Roycrofters. Being a Catalog of Copper, Leather and Books. East Aurora 1919. Faksimile Mineola, New York 2002, S. 13 ff. mit 21 abgebildeten Buchstützen.

Kevin McConnell: HEINTZ ART METAL. SILVER-ON-BRONZE WARES. Atglen 1990 mit den Abbildungen von sechs Buchstützen.

Louis Kuritzky/Charles de Costa: Collector's Encyclopedia of Bookends. Paducah 2006 mit den Abbildungen von 30 Heintz-Buchstützen.

Joanna Wissinger/Mark Seelen: ARTS and CRAFTS METALWORK and SILVER. San Francisco 1994.

2

BUCHSTÜTZEN VON „SOENNECKEN“…

sind leicht zu entdecken. Sind diese doch in Deutschland so zahlreich, dass sie fast als Synonym für Buchstützen stehen. Die aus schwarz lackiertem Blech gefertigten, preiswerten und praktischen – und deshalb wertgeschätzten – Rechte-Winkel-Stützen stützen nicht nur hunderttausende Bücher in Bibliotheken, sondern auch die Flut von Aktenordnern in öffentlichen Amtsstuben und privaten Büros.

1

2

3

Wer mehr über die Firma Soennecken erfahren will, sollte das Poppelsdorfer Heimatmuseum besuchen. Seinem Leiter Christian Kleist danke ich herzlich für die folgenden Informationen und insbesondere für die Abb. 5 in der Einleitung.

Die erste Buchstütze ist ein Bücherbrett aus Metall. Es kommt 1887 auf den Markt. Die erste alleinstehende Winkel-Stütze erscheint 1892/93. Und zwar – wie Abb. 5 in der Einleitung zeigt – in zwei Varianten: Die Nr. 9 in der üblichen Form; die Nr. 341 mit der ausgestanzten Zunge; wobei den Nummern keine tiefere Bedeutung zukommt.

Im SOENNECKEN-Katalog von 1902 taucht die Stütze mit dem Rosettendekor (Abb. 1) erstmals auf.

Die Zungen-Stütze Nr. 341 (Abb. 2) ist die Nachfolgerin der von dem amerikanischem Bibliothekar Melvil Dewey erfundenen Stütze (siehe dazu Abb. 7 in der Einleitung).

Ab ca. 1905 erscheint eine Stütze mit Lorbeer-Dekor (Abb. 3); ab 1926 eine mit einer Girlande (Abb. 4); dann folgt die mit dem Dreieck-Muster (Abb. 5).

Als größter Feind der Soennecken-Buchstützen erweist sich nicht der Analphabet oder der Messie, sondern der 2. Weltkrieg. Ab 1939 muss die Produktion eingestellt werden. Das Blech wird für Kriegswaffen gebraucht.
Nach Kriegsende produziert SOENNECKEN wieder Winkel-Stützen; leider nicht mehr die schwarzen mit dem anmutigen Dekor.

Literatur:
Soennecken-Katalog „gültig vom 15. Oktober 1887 an", S. 42. / Soennecken-Katalog mit Handvermerk „1893/94", S. 88. / Soennecken-Katalog von 1902, S. 26.

3

WERTVOLLES BLECH?

Die vielfältigsten Rechte-Winkel-Stützen schuf in Deutschland die Ruppelwerk GmbH in Gotha. Deren Buchstützen waren nebst anderen Gegenständen des täglichen Gebrauchs ein Nebenprodukt; bestand doch der Schwerpunkt der Firma in der Produktion von Blechteilen als Zulieferbetrieb.

1 A 1 B

2 A 2 B

In einer „BUCHSTÜTZEN-Liste" aus den Jahren 1930/31 bewirbt das Ruppelwerk seine Stützen mit den Worten:
„Unser umfangreiches Sortiment enthält neben den in Schwarzlackierung bekannten Modellen auch eine große Anzahl neuer, geschmacklich gut geglückter Zweckformen, die in modernen Schleiflackfarben einfarbig und mit geschmackvollen Dekorationen, wie auch in Messing-polierter Ausführung geliefert werden. Wir bieten durch unser großes Sortiment, dem größten der Branche, eine so reiche Auswahl, auch in allen Preislagen, daß jedem Geschmack wie auch der Kaufkraft des Publikums in jeder Beziehung Rechnung getragen ist. Die neuen Modelle sind ausnahmslos weitestgehend geschützt."

In der Liste werden 30 Buchstützen abgebildet. Da die meisten in verschiedenen Ausführungen gefertigt wurden, kann man davon ausgehen, dass ca. 50 unterschiedliche Stützen angeboten wurden.
Ich zeige hiervon lediglich drei, recht unterschiedlich gestaltete Stützen:

Die schwarzen Buchstützen mit einem Kreis; entweder mit appliziertem Messing (Abb. 1 A) oder nur farblich grün oder rot geprägt (Abb. 1 B). Ich nenne sie die „Volksempfänger-Stützen", weil sie der Schauseite des allerdings erst ab 1933 mit Unterstützung der Nazis auf den Markt geworfenen Radiogeräts gleicht.

Auch die Eule hat das Ruppelwerk als Buchstütze nicht ausgelassen. Es gibt sie in zwei Varianten (Abb. 2 A / Abb. 2 B).

Die in Abb. 3 gezeigte – in der oben genannten BUCHSTÜTZEN-Liste nicht aufgeführte – Buchstütze unterscheidet sich durch das moderne, konstruktivistische Dekor.

Die Buchstützen kosteten um 1930 pro Stück zwischen 35 und 60 Pfennig. Heute werden sie häufig für das Tausendfache angeboten. Den Grund für den Preissprung haben geschäftstüchtige Antiquitätenhändler erfunden. Sie schreiben viele der Buchstützen – umstandslos auch alle hier abgebildeten – Marianne Brandt zu. Diese hat bis 1928 in der Metallwerkstatt am Bauhaus gewirkt und z. B. durch ihr Tee-Extraktkännchen aus Silber und Ebenholz eine Ikone des Bauhaus-Designs geschaffen, die es 1999 sogar auf eine Briefmarke schaffte. Anknüpfungspunkt für die Inbeschlagnahme von Marianne Brandt u.a. für Buchstützen ist ihre Tätigkeit von 1929 bis 1932 als Leiterin der „Entwicklungsabteilung Metall- und Massengüter in lackiertem Stahlblech" der Ruppelwerk GmbH.
Ich ging von Anfang an davon aus, dass lediglich die in Abb. 3 gezeigte Buchstütze und eine weitere Reihe von Stützen mit ähnlichem konstruktivistischem Dekor von Marianne Brandt stammt. Um sicher zu gehen, suchte und fand ich Antwort bei dem Gothaer Designer Klaus Blechschmidt. Er ist – nicht so sehr kraft seines Namens, sondern dank intensiver Archivarbeit – ein profunder Kenner des Ruppelwerks und seiner Produkte. In seinem Aufsatz „Typisch Ruppel! – Typisch Brandt?" kritisiert er die umstandslose Zuschreibung von Gebrauchsgegenständen des Ruppelwerks an Marianne Brandt. Als Beweismittel zieht er die Markenzeichen und die Musterbücher des Ruppelwerks heran.

3

So ist die in der Abb. 1 A gezeigte ‚Volksempfänger-Stütze' mit einer Marke gekennzeichnet, die in den Jahren 1910–1920 verwandt worden ist. Sie kann deshalb nicht von Marianne Brandt stammen. Vielleicht hat sie der Architekt Walter Maria Kersting, seit 1917 Mitglied im „Deutschen Werkbund", entworfen; stammt doch von ihm der auf der Schau- und Hörseite frappierend ähnliche Entwurf für den ab 1933 produzierten Volksempfänger.
Die Eulen-Stütze in Orange (Abb. 2 B) trägt eine Marke, die in den Jahren 1921–1938 verwandt worden ist. Zeitlich berührt sie so die kurze Spanne, in der Marianne Brandt für das Ruppelwerk tätig war. Ob sie aber von ihr stammt, können nur die Musterbücher zeigen. Eine Abbildung von ‚Werksentwürfen' aus der Zeit vor 1929, also vor dem Wirken Marianne Brandts für das Ruppelwerk, beweist, dass die Eulen-Stütze nicht von ihr entworfen wurde.

Dagegen stammt die in Abb. 3 gezeigte Buchstütze von Marianne Brandt. Sie ist mit dem Markenzeichen Ruppel versehen und gehört zu der Reihe vom Buchstützen mit konstruktivistischem Dekor, die erst während Brandts Zeit beim Ruppelwerk in Musterbüchern und insbesondere in der „BUCHSTÜTZEN-Liste" von 1930/31, die ich Klaus Blechschmidt verdanke, auftauchen.

Literatur:

Helga Wiltrud, Klaus Blechschmidt, Ingrid Maut: „Modern, aber nicht modisch". Bauhauskünstler in Gotha. Gotha 2009; S. 31-50 der Beitrag von Klaus Blechschmidt: Typisch Ruppel! – Typisch Brandt?

Karen Grunow: Marianne Brandt. Wie eine Frau das Bauhaus für alle in den Alltag übersetzte. In: Griesebach-Auktionskatalog Frühjahr 2018 mit den Abbildungen von drei der Buchstützen mit konstruktivistischem Design.

KulTourStadt Gotha GmbH (Hrsg.): Marianne Brandt und ihre Tätigkeit in der Metallwarenfabrik Ruppelwerk GmbH Gotha. Gotha 2019; auf der U2 die Eulenstütze als Werksentwurf aus der Zeit vor 1929.

4

FRÜHE STÜCKE BEI TIFFANY?

Diese Frage dürfte selbst die, die Tiffany kennen, deren Schmuck bestaunen, vielleicht die berühmten Favrile-Glas-Lampen bewundern oder wenigstens das „Frühstück bei Tiffany" gesehen haben, irritieren. Dabei stammen die in meinen Augen schönsten amerikanischen ‚bookends' aus der von Louis Comfort Tiffany in New York geführten Firma.

Die meist aus Bronze, selten kombiniert mit Glas, bestehenden Rechte-Winkel-Stützen waren regelmäßig Teil der ab Beginn des 20. Jahrhunderts in der eigenen Gießerei gefertigten Schreibtisch-Garnituren.

Die ersten Buchstützen aus den unterschiedlich gestalteten Schreibtisch-Garnituren tauchen um 1910 auf. Meinen Bestand von 17 derartigen Buchstützen (von wohl 28 gestalteten) führe ich in der zeitlichen Reihenfolge ihres Erscheinens auf. Die zeitliche Reihenfolge ergibt sich aus der jeweils unter der Marke „Tiffany Studios New York" geprägten Modell-Nummer. Abbilden werde ich davon nur die – in meinen Augen – schönsten.

- ▷ Nr. 1024: „Pine Needle" (Abb. 1)
- ▷ Nr. 1025: „Buddha"
- ▷ Nr. 1026: „Horse Head"
- ▷ Nr. 1027: „Grapevine" (Abb. 2). Keine Buchstütze im engeren Sinne, sondern ein ausziehbares Buchbrett aus Metall und Glas
- ▷ Nr. 1056: „Bookmark" (Abb. 3)
- ▷ Nr. 1091: „Zodiac" in goldfarbenem (Abb. 4A) und grünem (Abb. 4B) Finish
- ▷ Nr. 1126: „Modeled"
- ▷ Nr. 1173: „Abalone" (Abb. 5)
- ▷ Nr. 1614: „Peacock portal" (Abb. 6)
- ▷ Nr. 1617: „Ninth Century" (Abb. 7)
- ▷ Nr. 1683: „Venetian" (Abb. 8)
- ▷ Nr. 1765: „Chinese" (Abb. 9)
- ▷ Nr. 1807: „Graduate"
- ▷ Nr. 1853: „ Adam" (Abb. 10)

  Dieses Exemplar stammt aus dem privaten Haushalt der New Yorker Antiquitätenhändlerin Lillian Nassau. Es ist ihr Verdienst (im doppelten Sinn des Wortes), dass ab Ende der 1960er Jahre Kunsthandwerk von Tiffany wieder Anklang und Absatz fand. Die „Adam"-Stütze ist benannt nach dem berühmten britischen, 1792 gestorbenen Architekten Robert Adam. Als ich vor Jahren auf den Spuren von Robert Adams ‚country houses' in Kircaldy in Schottland den direkten Nachkommen Robert Adams besuchte, war er gerührt zu hören, dass Tiffany seinen Urahn mit einer Buchstütze würdigte.

- ▷ Nr. 184: „Graduate upgraded"
- ▷ Nr. 2006: „George Washington"
- ▷ Nr. 2034: „Persian Carpet" (s. Schaufenster 11)

Die Buchstützen mit den beiden letzten Modell-Nummern sind dem unten zitierten Standardwerk nicht bekannt.

In den 1920er Jahren ging es mit Tiffany bergab. Eine Nachfolgefirma produzierte weiter Buchstützen. Diese mit „LOUIS C. TIFFANY FURNACES INC." gemarkteten Stützen erreichten selten die frühere Qualität.

- ▷ Die mit der Modell-Nr. 365 versehene Buchstütze „Art Deco" mit emailliertem Dekor dürfte noch die qualitativ beste sein (s. Schaufenster 11).

1

3

2

4A & 4B:

5

7

6

8

9

11

10

Bei dem Versuch, die eingangs aufgestellte Behauptung, von Tiffany stammten die schönsten amerikanischen Buchstützen, zu widerlegen, hoffte ich bei der parallel zu Tiffany im großen Stil tätigen, berühmten Innenarchitekturfirma Edward F. Caldwell & Co. fündig zu werden. Hatte doch diese neben Lichtobjekten und Lampen auch Schreibtisch-Garnituren hergestellt und vertrieben. Leider ist es mir nur gelungen, im Laufe vieler Jahre eine Buchstütze zu finden.

▷ Diese im für Edward F. Caldwell & Co. typischen „Classical Revival"-Stil aufwendig gestaltete Bronze-Stütze (Abb. 11) kann jedenfalls mit den Tiffany-Buchstützen konkurrieren.

LITERATUR:

George A. Kemeny & Donald Miller: Tiffany Desk Treasures. New York 2002.

5

ALS „TEUERSTEN SCHMIED DER WELT" …

bezeichnete schon vor 50 Jahren der Art déco-Galerist Wolf Uecker Edgar Brandt. Dieser begnadete Kunstschmied des Art déco ist berühmt für seine handgeschmiedeten Tore, Kaminschirme, Treppengeländer und Lampen. Auch Buchstützen hat er nicht verschmäht.

1

2

Im Standardwerk von Joan Kahr zu Edgar Brandt sind zwei Buchstützen aus den 1920er Jahren gezeigt:

Zum einen die Pelikan-Buchstützen; diese in meiner Sammlung; hier als Abb. 1.

Dazu die Buchstützen mit den krähenden Hähnen. Diese gleichfalls in meiner Sammlung; hier als Abb. 2.

Meine dritte Brandt-Buchstütze zeigt Abb. 3: Sie dürfte – dem Futurismus geschuldet – eher aus den 1930er Jahren stammen. Ob ‚beschwingte Kugeln' als feste Stützen herhalten können, sei dahingestellt.

Es ist mir nicht gelungen, zu den drei Buchstützen die sechs weiteren von Edgar Brandt gestalteten Buchstützen zu erwerben:

- die unter Blattranken ‚Ruhenden Gazellen'
- ‚Schmetterlinge'
- ‚Cobraschlangen'
- ‚Drei Ranken'
- ‚Aufsteigende Fische'
- ‚Geometrische Figur.'

Bezeichnend für die Wertschätzung Edgar Brandts ist die Tatsache, daß nicht nur die Titelseite der Buchstützen-Auktion von Bonhams (2014), sondern auch zwei der Titelseiten der drei Buchstützen-Auktionen von gignello (2021/2022) jeweils eine Buchstütze von Edgar Brandt schmücken.

Literatur:

Wolf Uecker: Art déco. Die Kunst der Zwanziger Jahre. München 1974.

Joan Kahr: Edgar Brandt. Art Deco Ironwork. Atglen 2010.

3

6

BUCHSTÜTZEN VON LALIQUE

Schmuck, Flacons und Vasen aus der französische[n] Glasmanufaktur Lalique schmücken Frauen, Par[-] fums und Blumen weltweit. Auch zahlreiche Lali[-] que-Buchstützen verschönern die Bücherwände[.] Stets sind sie figürlich; meist Tiere oder Tierköpfe[;] letztere dienen – leicht abgewandelt – auch als Pa[-] perweights oder insbesondere um 1930 als Küh[-] lerfiguren von Luxusautomobilen.

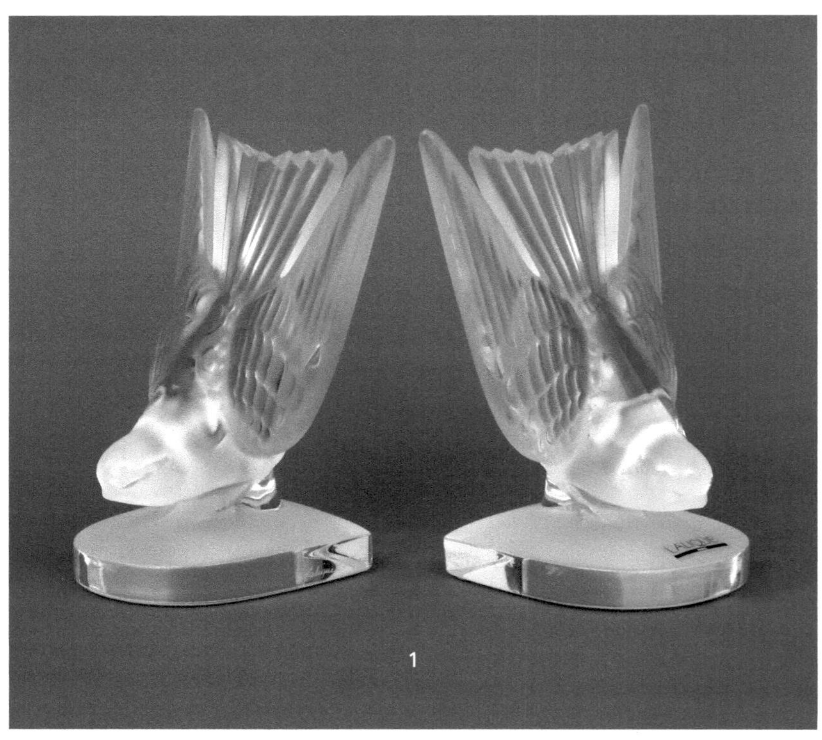

1

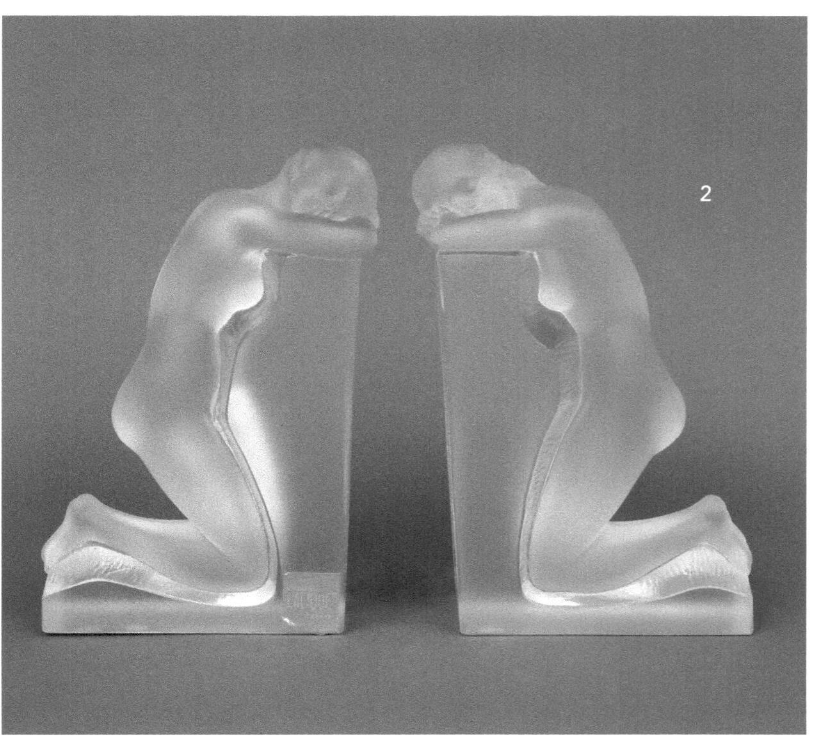

2

1925 wird die erste Buchstütze „Faucon" geschaffen. 1928/29 erscheinen 13 Buchstützen. Diese 14 bleiben angesichts der großen Zahl wohlhabender Lalique-Sammler für den Freund von Buchstützen regelmäßig schwer erreichbar. Glücklicherweise wurden von den frühen Buchstützen ab 1951 drei wieder aufgelegt. Diese drei seien hier vorgestellt:

Das Schwalbenpaar (Abb. 1) wird bis heute produziert. Erst jüngst wieder in einer farblichen Variante.

Der Falkenkopf (Abb. 3) und der Hahnenkopf (Abb. 4) stützen auch voluminöse Bücher, wie den grundlegenden Katalog von Félix Marcilhac zu René Lalique.

In den letzten drei Dezennien sind mindestens drei neue Buchstützen hinzugekommen:

Die beiden knienden Frauen unter dem Titel „Rêverie" (Abb. 2).

Die Seepferdchen (Abb. 5). Die einzige mir bekannte Buchstütze, die mit dem kleinen, im Wasser trudelnden Knochenfisch Bücher stützen will. Immerhin ist die schmale Buchstütze angesichts ihrer Höhe von 24 cm in der Lage standfeste Bücher zu begleiten.

Statt der Seepferdchen taugen dann doch besser die in den letzten Jahren von Lalique produzierten Buchstützen mit richtigen Pferden (s. Schaufenster 28).
Oder die aus einer zerbrochenen großen Lalique-Vase gewonnenen rechtwinkligen Stützen mit Sperling-Relief (s. Schaufenster 30).

LITERATUR:

Félix Marcilhac: R. LALIQUE. Catalogue raisonné de l' œuvre de verre. Paris 1994, S. 506 ff.

3

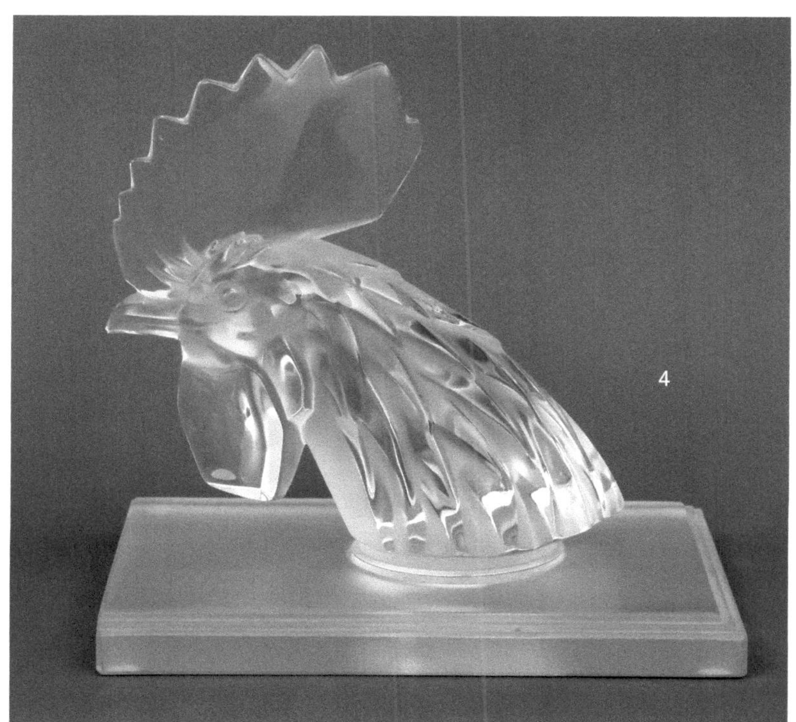
4

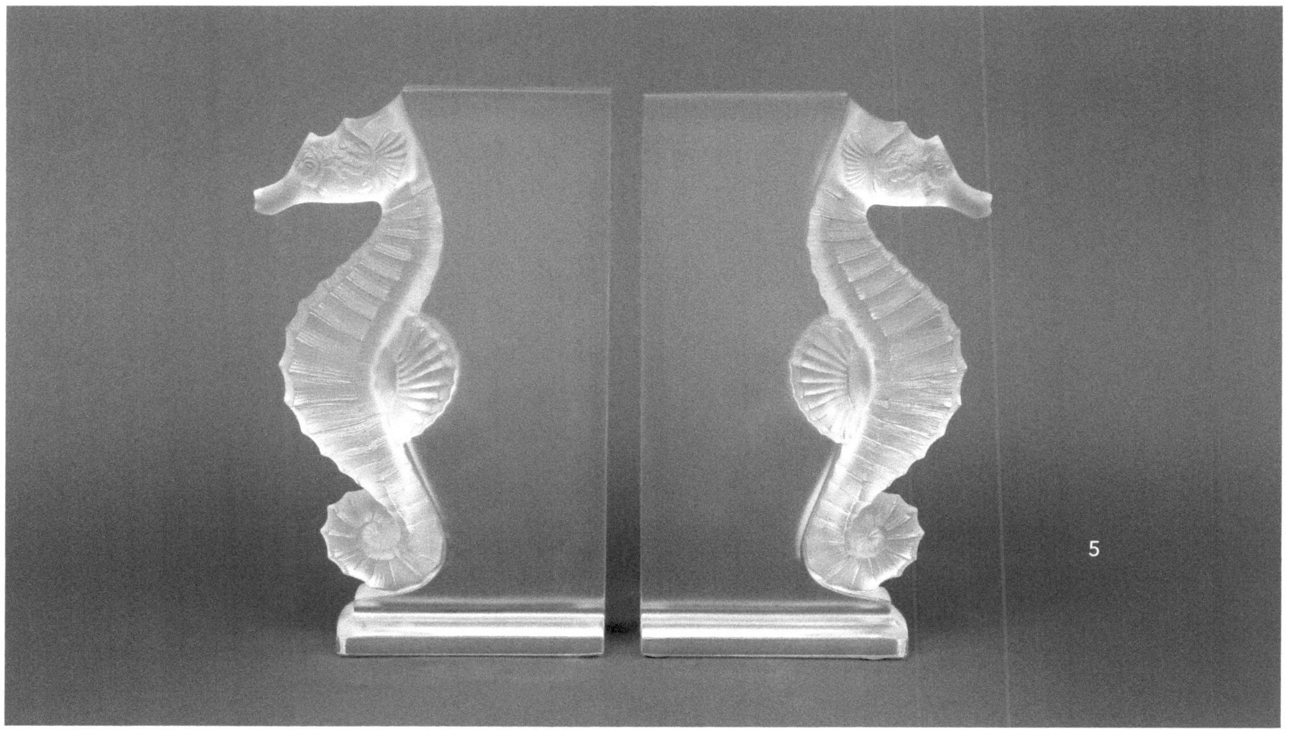
5

7

ANDERS ALS LALIQUE …

wählen andere Glasmanufakturen häufig abstrakte Formen für ihre Buchstützen.

Und anders als figürliche Stützen bedrängen diese meist aus farblosem Glas bestehenden durchsichtigen Buchstützen nicht die Bücher.
Sieben solcher eher ‚zurückhaltenden' Buchstützen seien hier vorgestellt. Zwei aus der Zeit des Art déco und fünf aus der Zeit um das Jahr 2000.

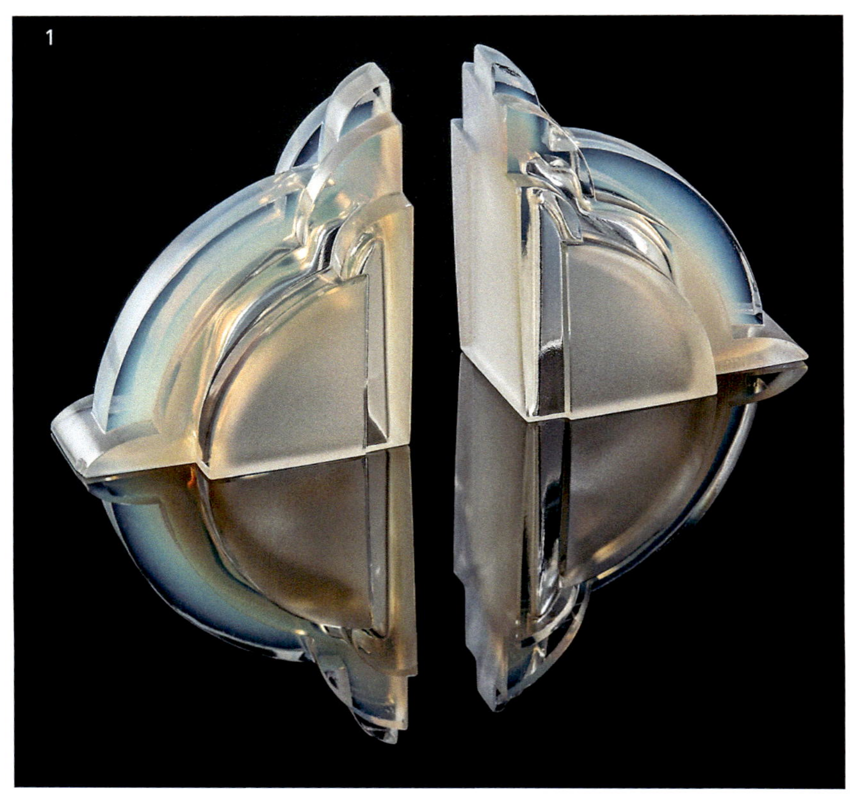

1

Die in Abb. 1 gezeigte trägt die Signatur „A.HUNEBELLE FRANCE". André Hunebelle macht sich in den 1920/1930er Jahren zunächst einen Namen als Glaskünstler; nach dem 2. Weltkrieg dann als Filmemacher. Gesucht sind seine Vasen mit geometrischen Mustern aus opaleszierendem Glas. Soweit ich sehe, hat er nur eine, die hier gezeigte Buchstütze geschaffen. Vor einigen Jahren wurde diese auch mit einer (wohl später) eingebauten Lichtquelle angeboten. Auch wenn durch das opaleszierende Glas hindurch ein schönes Licht erzeugt werden dürfte, lasse ich mich lieber durch den Inhalt von Büchern erleuchten.

Die zweite um 1930 geschaffene, gläserne Buchstütze (Abb. 2) ist mit „j.perzel" signiert. Jean Perzel, aus Bruck in Bayern stammend, macht ab den 1920er Jahren in Paris als Glasmacher und Entwerfer von Beleuchtungskörpern Karriere. Unter anderem beleuchtet er weltweit die Paläste von Königshäusern, Großindustriellen und Politikern, außerdem Luxusschiffe, wie die „Normandie".

Buchstützen von Jean Perzel sind allerdings nicht überliefert. Die heute noch in Paris existierende Firma „JEAN PERZEL" bestreitet deshalb, dass diese Buchstütze von ihm stammt. Dabei könnte sie sich mit dieser Stütze schmücken; der Dreiklang aus geschwungenem Holz und den fünf einen Halbkreis bildenden Glasscheiben, gehalten in halbkreisförmigem Chrom, sorgt für Eleganz und Leichtigkeit.

2

Das Buchstützenpaar der Glasmanufaktur „Baccarat" (Abb. 3) bildet gemeinsam von vorne gleichfalls einen Halbkreis. Dreht man sie um 45 Grad, überraschen die Stützen vor allem bei Lichteinfall durch die drei hintereinander gestaffelten scharfkantigen Halbkreise.

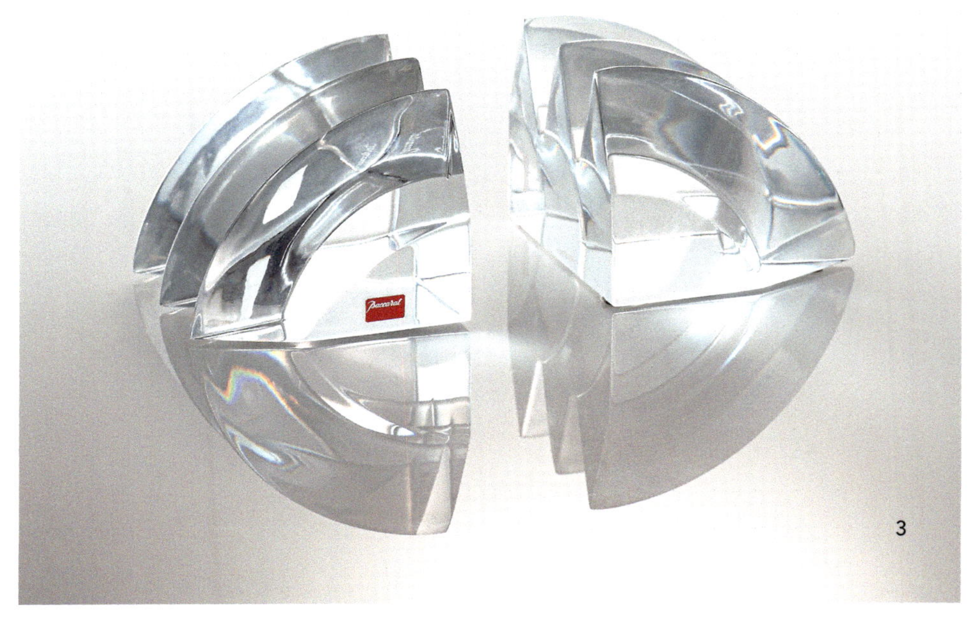
3

4

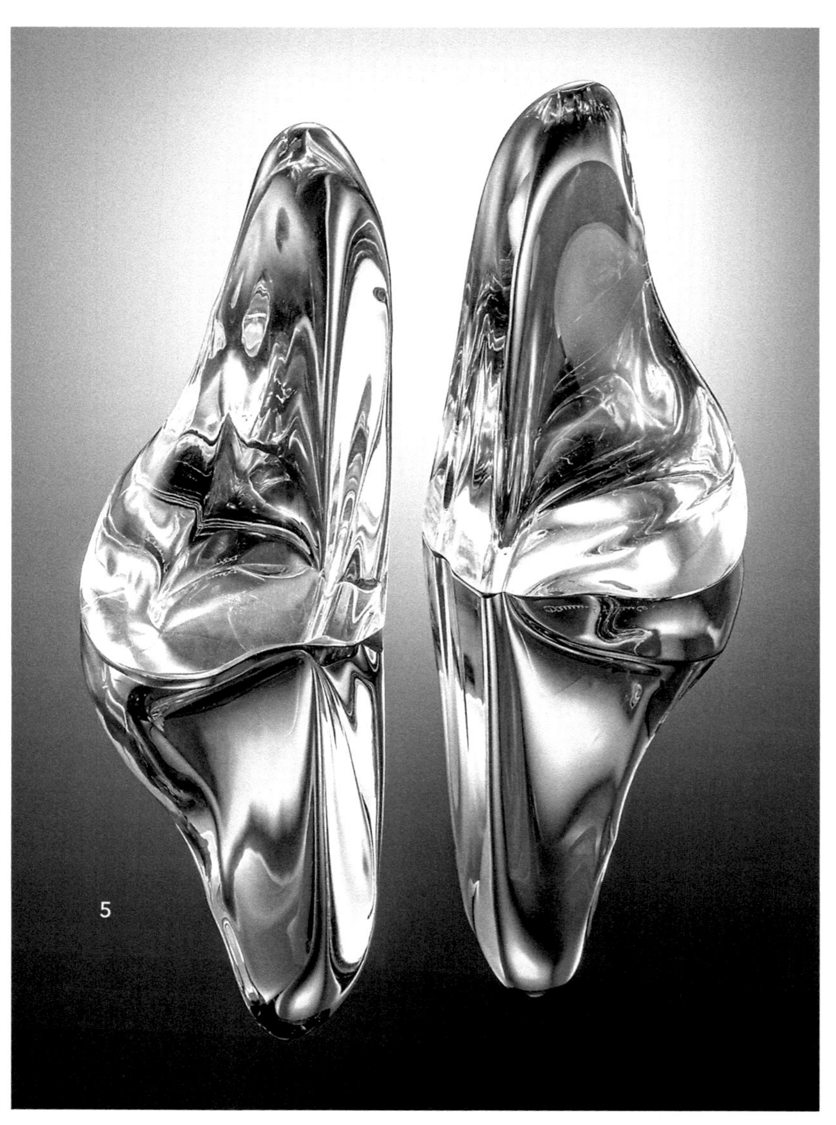

Weniger einfallsreich ist die Glasstütze von „Saint Louis" (Abb. 4).

Auch die Buchstütze der französischen Glasmanufaktur „Daum" macht keinen besonderen Eindruck (Abb. 5). Aber auch sie beweist, dass alle bekannten französischen Glasmanufakturen Buchstützen nicht gänzlich aus dem Blick verloren haben.

Von der berühmten schwedischen Glasmanufaktur Orrefors stammt die farblose Glasstütze (Abb. 6), geschaffen von dem Glaskünstler Lars Hellsten (1933 – 2022), der seit 1972 für Orrefors arbeitete.

Weg vom Glas bewegt sich die Buchstütze von „Swarovski". Die österreichische Firma, die ja vom Glas lebt, beschränkt sich – wie Abb. 7 zeigt – auf einen Fuß aus Glas, aus dem der Bildhauer Ludwig Rede drei Stahlträger aufsteigen lässt, die trotz der grazilen Gestaltung Büchern einen festen Halt bieten.

6

7

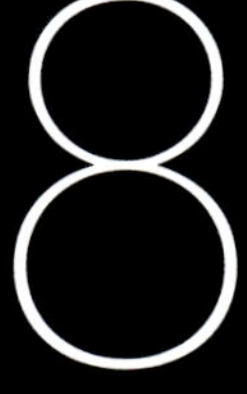

AMALRIC WALTER, DER MEISTER DES PÂTE DE VERRE …

war nicht nur Gestalter von Vasen, Schalen, Dosen, Paperweights und Statuetten aus Glaspaste; auch Pâte de verre-Buchstützen hat er geschaffen. Diese erschienen ab 1919, als er nach dem Ausscheiden aus der Glasmanufaktur Daum sich in Nancy selbstständig gemacht hatte.

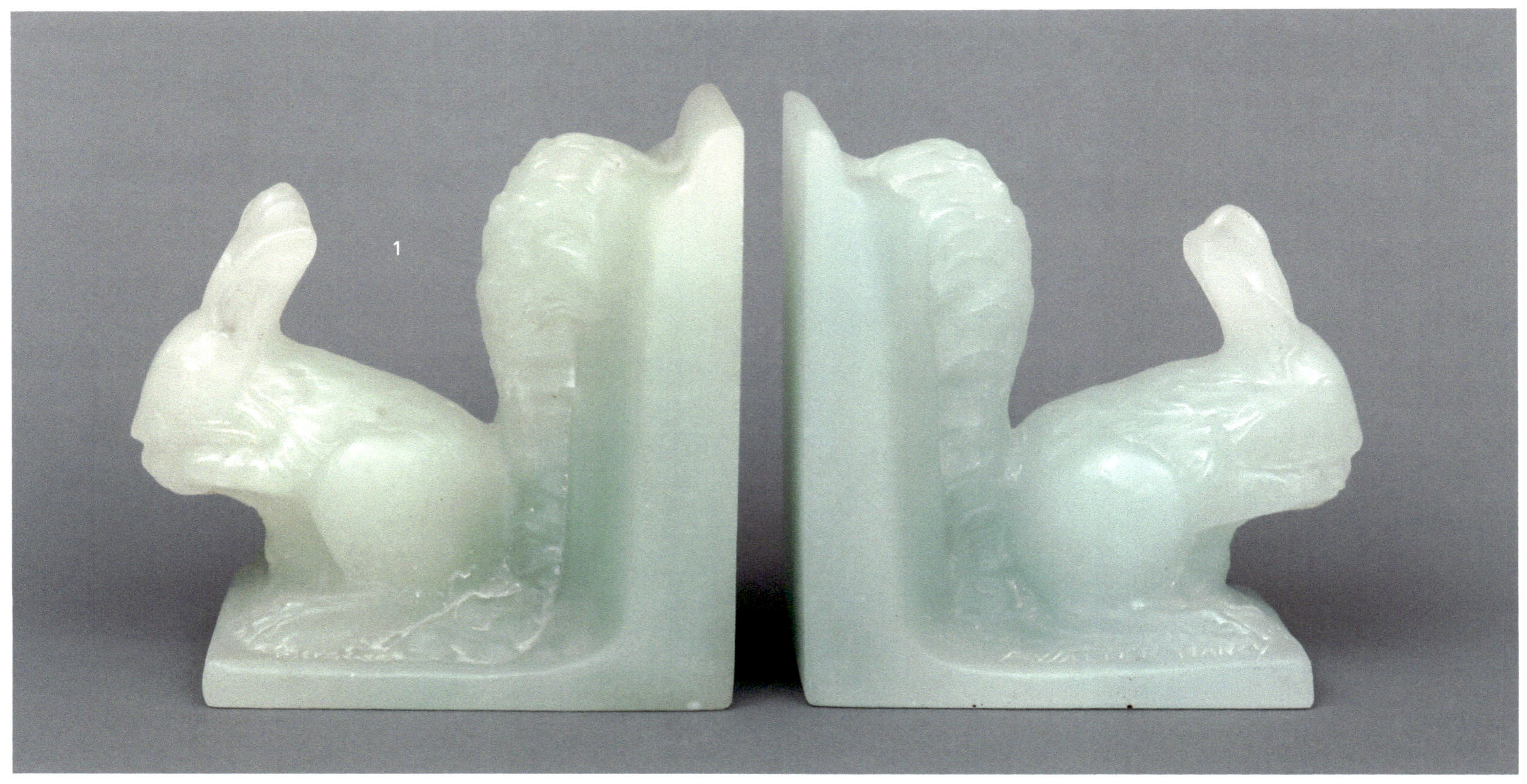
1

Von den regelmäßig in kleiner Auflage gefertigten Buchstützen sind mir die folgenden neun zu Gesicht gekommen:

- ▷ Delphine
- ▷ Tauben
- ▷ Zentauren
- ▷ Robben
- ▷ Fuchs und Rabe
- ▷ Buddha
- ▷ Frauenköpfe im Profil
- ▷ Eichhörnchen
- ▷ Faunköpfe

Leider besitze ich nur die beiden Letztgenannten.

Und leider ist das Eichhörnchen-Paar (Abb. 1), signiert mit „AWALTER NANCY und BERGÉ SC." (für Henri Bergé den Entwerfer), nicht besonders gelungen; jedenfalls nicht in dem milchigen Hellgrün; passender dann doch das in dem unten aufgeführten Buch abgebildete Exemplar in Bernsteinfarben auf graubraunem Sockel.
Ansprechender sind die beiden Faunköpfe (Abb. 2). Die nur mit „AWALTER NANCY" signierten Buchstützen tauchen nirgends in der Literatur auf.
Schön, dass sie wenigstens bei mir Bücher, allerdings nur schmalbrüstige, stützen.

LITERATUR:

François Le Tacou & Jean Hurstel: Amalric Walter, Maître de la pâte de verre. Metz 2013.

2

9

GEMESSEN AN WALTER VON NESSEN …

sehen die Buchstützen anderer Gestalter häufig eher bieder aus.

1 2

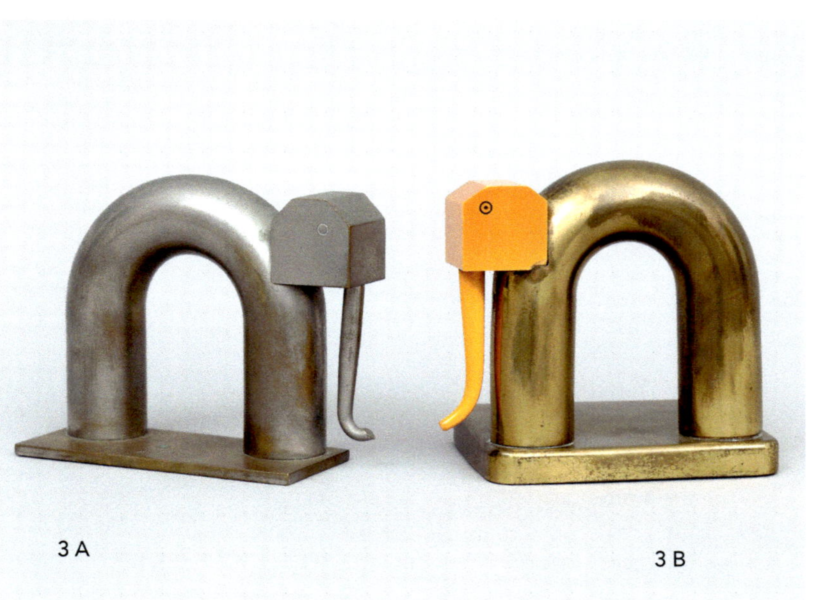

3 A 3 B

Der 1889 in Berlin geborene Designer Walter von Nessen wandert 1923 in die USA aus und gründet 1927 zusammen mit seiner Frau Margaretta die „Nessen Studios" in New York. Neben Lampen und Haushaltswaren entwirft er in den 1930er Jahren acht Buchstützen für die „Chase Brass & Copper Company" in Waterbury, Connecticut. Von deren 16 Buchstützen gestaltet er also die Hälfte.
Von Nessens Buchstützen bestehen aus Kupfer, Messing und Nickel. Regelmäßig gibt es jede der Stützen in zwei oder drei Metallvarianten. Grundstock für die Buchstützen sind teilweise Metallteile, die die „Chase Company" für die Herstellung anderer Metallwaren einsetzt.
Die acht Buchstützen lassen sich in drei Gruppen teilen.
Drei Stützen stellen Tiere in vergleichsweise abstrakter Form dar:

Die Katzen-Stützen; hier aus Messing (Abb. 1).

Die Pferde-Stützen; hier in der Kupfer-Variante (Abb. 2).

Die Elefanten-Stützen. Hier in zwei Varianten: einmal vollständig aus satiniertem Nickel (Abb. 3 A); zum anderen aus Messing, kombiniert mit Bakelit (Abb. 3 B).

Der Designer Lurelle Guild pries damals diese Tier-Buchstützen mit den Worten:
„He took some brass plumbing elbow joints, designed some amusing heads and tails to attach in the prescribed places, planted them on firm bases, and Chase added to their line some of the doggiest, cattiest, and horsiest book ends you ever saw - and they're selling."

Allerdings, *„doggiest book ends"* hat von Nessen wohl nie entworfen.

Kreis und Spirale widmet von Nessen zwei Buchstützen:

Die unter der Bezeichnung „Spiral" angebotene Stütze; hier aus schwarzem und satiniertem Nickel (Abb. 4).

Die mit „Ring" bezeichnete Stütze; hier in der Variante aus Messing und Kupfer (Abb. 5).

Die in meinen Augen zeitgemäßesten Buchstützen sind drei, die am besten auf den Schreibtisch New Yorker Wolkenkratzer-Architekten passten.

Unter dem Namen „Arch" werden bogenförmige Stützen vertrieben. Hier in zwei Varianten: Einmal aus Kupfer und Messing (Abb. 6 A); zum anderen aus satiniertem Nickel und Messing (Abb. 6 B).

Als „Octaball"-Bookends werden die aus horizontalen Metallbalken von Kugeln gehaltenen Buchstützen bezeichnet (Abb. 7). „Bücherregal-Stützen" wäre vielleicht passender. Diese Stützen hier in der Variante aus Messing und Kupfer.

Meine Favoriten sind die unter „Gothic" vertriebenen Stützen; hier in der Kombination aus Messing und Kupfer (Abb. 8).

Leider ist Walter von Nessen bereits 1943 verstorben. Er hätte Bücherwände sicher noch mit weiteren ungewöhnlichen Buchstützen bereichert.

4 5

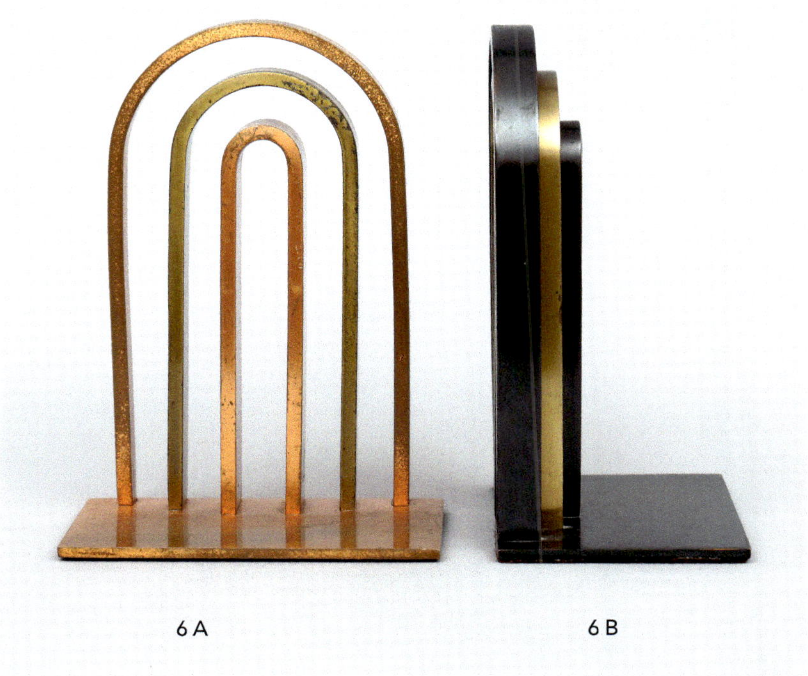

6 A 6 B

7

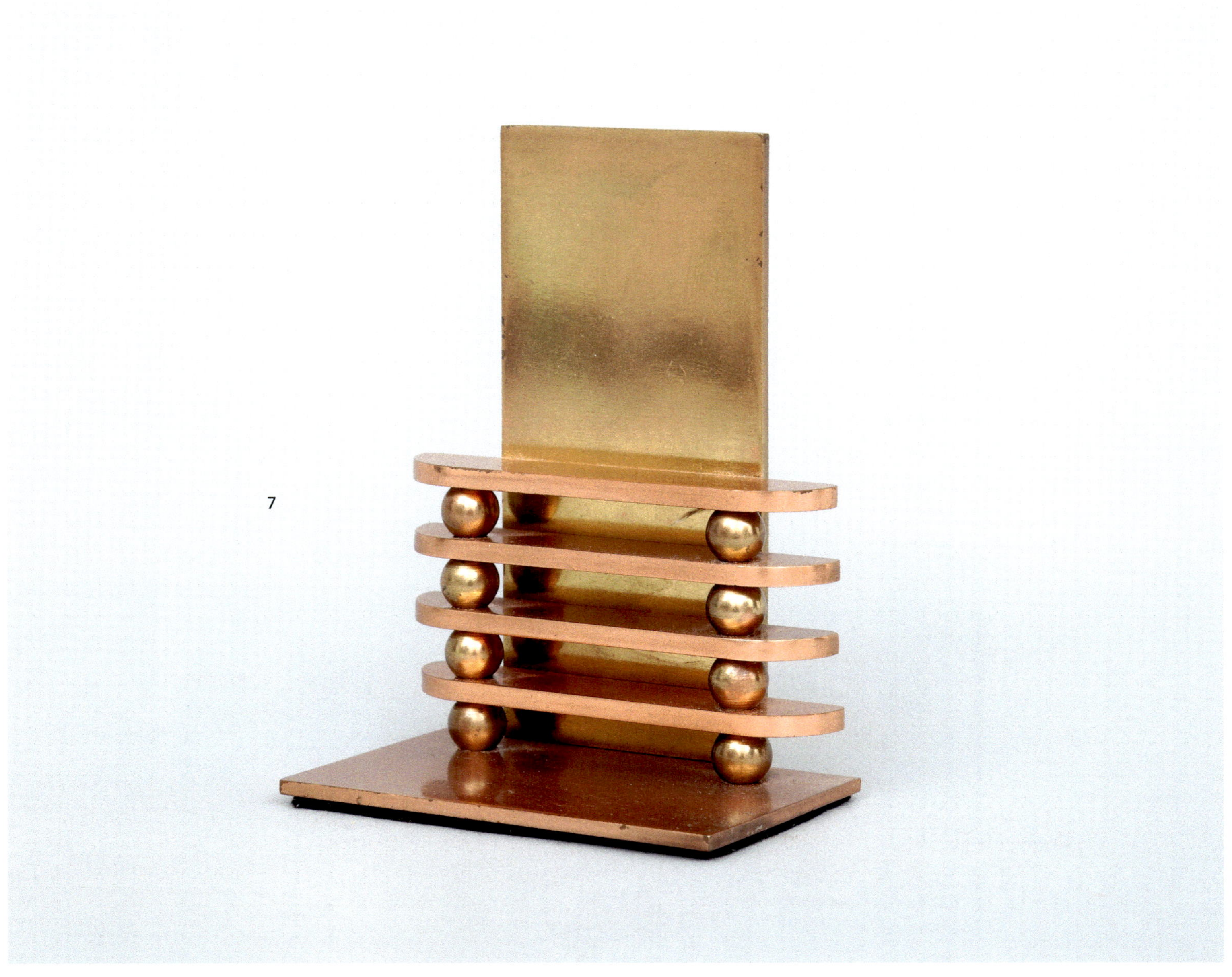

Literatur:

Donald-Brian Johnson & Leslie Piña: CHASE COMPLETE. Deco Specialties of the Chase Brass & Copper Co. Atglen 1999 mit auf S. 36 einer Biographie Walter von Nessens und auf S. 104–110 mit Abbildungen der Buchstützen der „Chase Company".

Donald-Brian Johnson & Leslie Piña: THE CHASE ERA. Atglen 2001 mit den Katalogen der Firma „Chase Brass & Copper Co." von 1933 und 1942.

Jim Linz: Art Deco Chrome. Atglen 1999, S. 35 mit der Biographie Walter von Nessens und auf S. 162–164 mit Abbildungen von Buchstützen der „Chase Company".

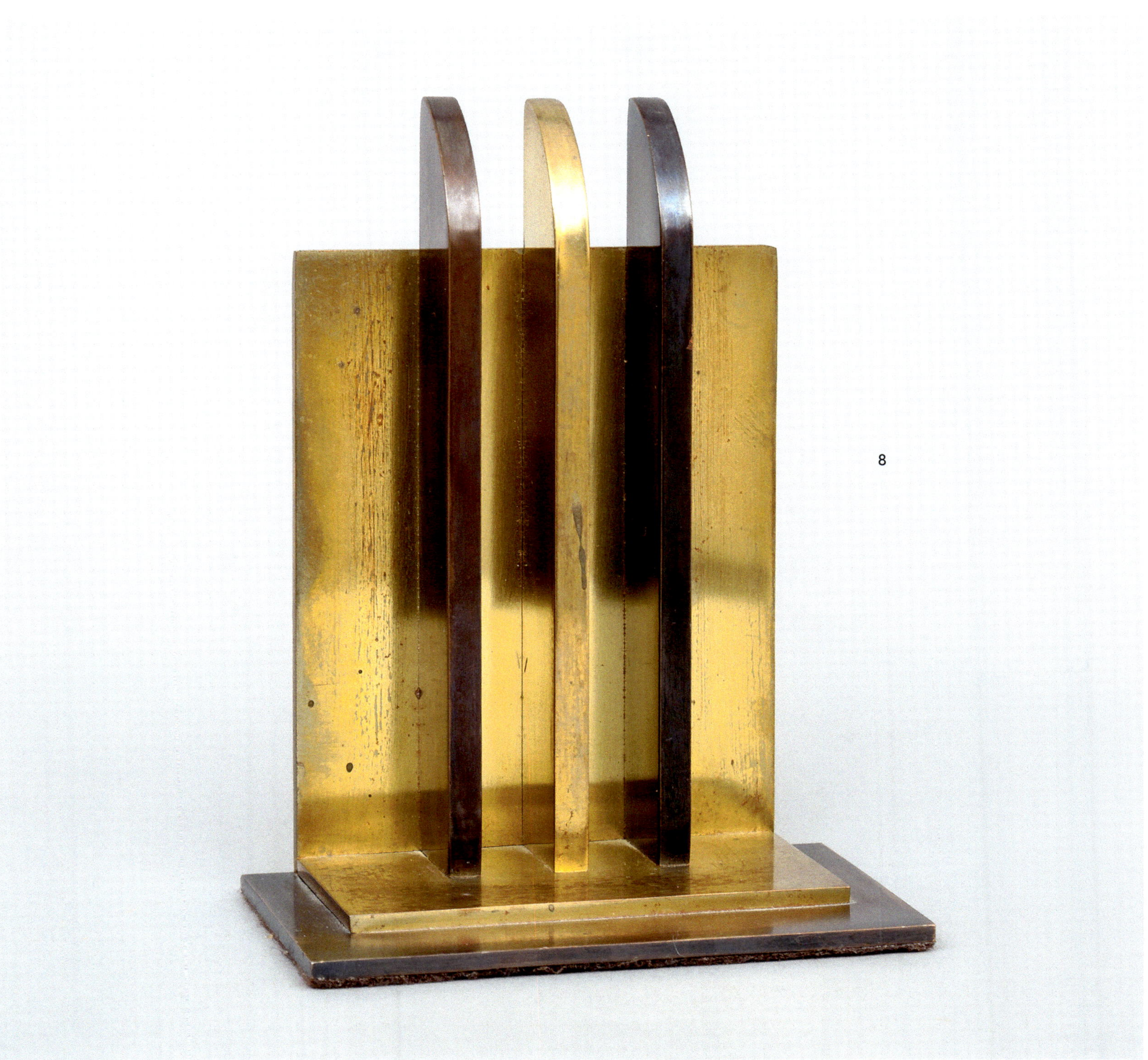

8

10

BUCHSTÜTZEN AUS HOLZ …

gibt es häufig. Häufig allerdings von mehr oder weniger begabten Holzschnitzern. Nicht zuletzt deshalb habe ich mich bei Buchstützen aus Holz in der Regel auf nichtfigürliche, eher der Außen- oder Innenarchitektur entlehnte Stützen beschränkt.

1

2

Die vorgestellten fünf Holzstützen sind bis auf die jüngste signatur- und herkunftslos:

Um 1930 dürften die aus hellbraunem Wurzelholz auf dunklem Makassarholz aufgebauten Buchstützen (Abb. 1) entstanden sein.
Durch die Bakeliteinlagen gegliedert, erhält der Aufbau den Charakter eines modernen Gebäudes aus der Zeit der 1930er Jahre.

Die in Abb. 2 gezeigte Stütze dürfte Ende der 1920er Jahre entstanden sein. Als 1925 im südamerikanischen Urwald zwei Forschungsexpeditionen spurlos verschwanden, brach eine wahre Azteken-Manie aus, die auch das Kunstgewerbe nicht verschonte. *„Indianische Muster inspirieren die ‚Dessinateurs', Zick Zack, Streifen und stilisierte Schlangen sind ‚en vogue'. Die aztekische Stufenpyramide beeindruckt Ost und West …"*, urteilt Paul Maenz in einem frühen Buch über Art déco. Auch das aufgebrachte Eierschalen-Dekor ist typisch für diese Zeit.

Die raumgreifende, schwere Buchstütze, wohl aus Kirschbaumholz auf schwarzen Kugeln (Abb. 3) ist die jüngste der hier vorgestellten Holzstützen. Sie ist, um das Jahr 2000 in den USA erworben, signiert mit „WINDSOR HILL DESIGNS".

Kurios die Bücherwand zur Stützung der Bücher an der Bücherwand (Abb. 4).

Praktisch der zweiteilige kleine Wandschrank nicht nur zum Stützen von Büchern sondern auch zur Ablage von Utensilien für den Bücherfreund (Abb. 5).

Literatur:

Paul Maenz: ART DECO 1920–1940. Köln 1974, S. 142 f. zur Azteken-Manie in der zweiten Hälfte der 1920er Jahre.

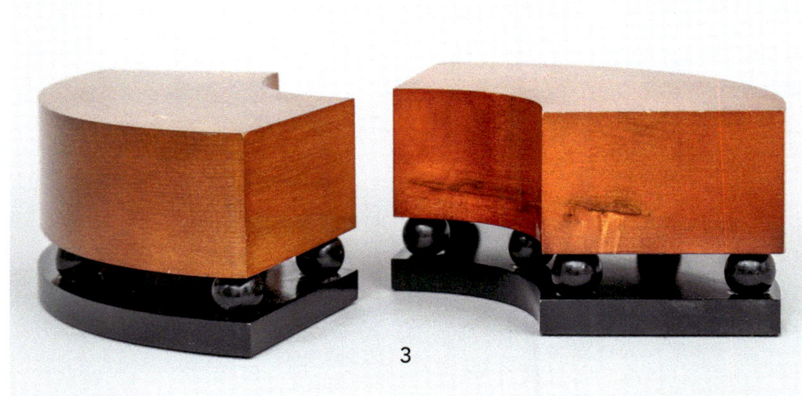

3

4

5

EMAILLIERTE BUCHSTÜTZEN …

trifft man eher selten. Zu aufwendig erscheint diese Technik für einen eher randständigen Gebrauchsgegenstand.

1

2

Am ehesten wurden Buchstützen mit Emaille, meist in Cloisonné-Technik, im Fernen Osten gefertigt; häufig für den Markt in den USA und Europa.

Die beiden Seeungeheuer (Abb. 1), in meinen Augen mythologische Drachenfische, dürften aus Japan stammen. Deren Schuppen eignen sich gut für Zellenschmelz; dieser wurde insbesondere im Japan der späten Meiji-Ära um 1900 perfektioniert.

Auch die Buchstützen mit den Segelschiffen (Abb. 2) zeugen von großer Fertigkeit. Motiv und Qualität deuten auf eine Herkunft aus Japan hin.

Ungewöhnlich die beiden Pfauen mit den prächtigen Federn (Abb. 3). Sie dürften in Korea geschaffen worden sein. Dafür spricht eine Geschenkkarte auf dem Boden der Buchstützen: „General and Mrs. Kim Sang Tae."

Aus Europa kann ich lediglich mit drei emaillierten Buchstütze aufwarten. Zwei stammen von Tiffany:

Die wahrscheinlich seltenste Tiffany-Stütze ist die aufwändige, unter der Modell-Nr. 2034 von Tiffany & Co. geführte Stütze „Persian Carpet" (Abb. 4). Diese gibt es auch ohne Emaille. Beide sind dem unten zitierten „Catalogue raisonné" nicht bekannt.

In den 1920er Jahren ging es mit Tiffany bergab. Eine Nachfolgefirma produzierte weiter Buchstützen. Die mit „LOUIS C. TIFFANY FURNACES INC." gemarkteten Stützen erreichten selten die frühere Qualität.

Die mit der Modell-Nr. 365 versehene Buchstütze „Art Deco" mit emailliertem Dekor dürfte noch die qualitativ beste sein (Abb. 5).

3

4

5

6

Erstaunlich oft findet man emaillierte Buchstützen heutzutage in Israel.
Gerne werden sie Jungen zur Bar-Mitzvah geschenkt (Abb. 6); wohl in der Hoffnung, der Heranwachsende werde sich von (religiösen) Büchern stützen lassen.

Auch Buchstützen mit Motiven zur jüdischen Tradition, z. B. zu den zwölf Stämmen Israels (Abb. 7), sind weit verbreitet.

Einzigartig ist die in der Abb. 8 gezeigte Stütze. Sie stammt von dem bedeutendsten Emailleur des Art déco, Camille Fauré. Sie ist nicht nur eine Augenweide, sondern wohl auch ein Unikat. In der Sekundärliteratur und in Auktionskatalogen findet man zu Fauré zahlreiche Vasen, dazu hin und wieder Dosen, Lampenfüße und Plaketten, aber keine einzige Buchstütze. Ich habe sie Ende der 1980er Jahre im „Le Louvre des Antiquaires" in Paris ohne Zögern als Fauré-Buchstütze erworben. Beleg dafür, dass sie von Fauré stammt, bietet das 2007 erschienene opulente Fauré-Buch von Alberto Shayo. Dort ist eine Vase mit demselben Motiv und derselben Farbgestaltung abgebildet.
Die Vase und die Buchstütze zeigen ein für die Schaffensperiode um 1930 typisches geometrisches Muster. Nicht zufällig lautet der Untertitel von Shayos Buch „The Geometry of Joy." Beim Erwerb der Buchstütze hatte ich mich nicht mit der Suche nach einer Signatur aufgehalten. Erst die in Shayos Buch abgebildeten Signaturen machten mich neugierig. Und tatsächlich, mit Hilfe einer Lupe entdeckte ich auf einer der beiden Buchstützen klitzeklein die übliche Signatur „C. Fauré Limoges".

Literatur:

George A. Kemeny & Donald Miller: Tiffany Desk Treasures. New York 2002.

Alberto Shayo: Camille Fauré. Limoges Art Deco Enamels. The Geometry of Joy. Woodbridge 2007.

Cork Marcheschi: Camille Fauré: Impossible Objects. O. O. (San Francisco) 2007.

7

8

12

BAKELIT STÜTZT MANCHMAL MIT

Die Älteren unter uns sind mit diesem, kurz nach 1900 entwickelten Kunststoff aufgewachsen; u.a. mit Telefon- und Radioapparaten aus Bakelit. Bei Buchstützen findet man dieses Material selten; entweder in Kombination mit Metall (s. dazu Schaufenster 9) oder hin und wieder als reine Bakelit-Stütze.

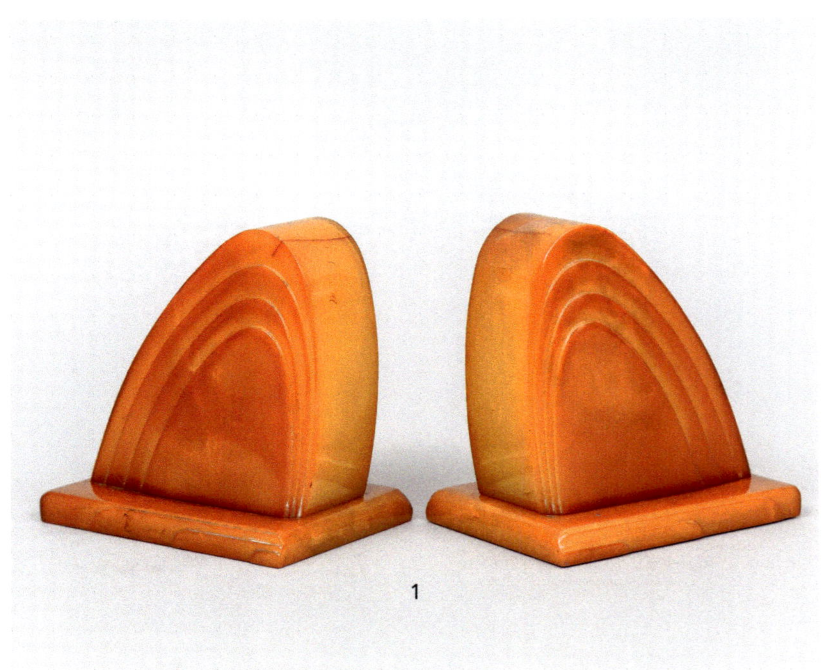

1

2

Die recht kompakte Stütze mit den wellenförmig ansteigenden Hügeln (Abb. 1) dürfte die jüngste der drei Buchstützen sein. Sie wurde Anfang der 1950er Jahre von der britischen Firma „Carvacraft Bakelite" hergestellt.

Weder Zeit noch Entwerfer noch Produzent offenbaren die eleganten, aus Bakelitplatten geschnittenen Stützen (Abb. 2). Fest verschraubt in vergoldete Metallschienen stützen sie verlässlich auch gewichtigere Bücher.

Das Delphin-Paar, montiert auf silber gefassten Holzsockeln (Abb. 3), trägt gleichfalls keinerlei Signatur. Es dürfte aus der Zwischenkriegszeit stammen, als man vermehrt, insbesondere für Modeschmuck, Bakelit so einfärbte, dass es wie Bernstein erschien.

LITERATUR:

Rita Wagner: Jede gewünschte Gestalt. Bakelit & Co. Sammlung H. G. Klein. Köln 1987; leider ohne eine Buchstütze.

3

13

DIE VIELFALT DES MATERIALS …

zeichnet die Winkelstützen aus Ostasien aus. Als Fuß und Rückwand dienen dabei häufig Messingplatten, graviert mit den Schauseiten entsprechenden Ornamenten.

Fünf in Ostasien für den Export in die USA und nach Europa aus unterschiedlichem Material gefertigte Buchstützen seien hier vorgestellt; alle tragen Motive aus der fernöstlichen Welt.

1

2

3

Anders als in Europa schafften fernöstliche Kunsthandwerker häufiger Buchstützen aus Emaille (s. Schaufenster 11).

Vergleichsweise häufig tauchen Buchstützen aus Lack auf; regelmäßig roter Schnitzlack aus China (Abb. 1).

Holzschnitzereien - insbesondere bei Buchbrettern - sind in Europa häufig. Solch kleinteilige Buchstützen, wohl aus Buchsbaum gefertigt, wie die mit dem Einzug prächtiger Krieger zu Pferd (Abb. 2), findet man in Europa aber selten.

Jade setzt man hin und wieder als Bruchstücke ein, appliziert auf Holz- oder Metallstützen. Buchstützen gänzlich aus Jade, gefasst in einem Bronzerahmen, sind selten und bei Lichteinfall besonders dekorativ (Abb. 3).

Buchstützen aus Bein sind mir aus Europa nicht begegnet. Vereinzelt wurden sie in Ostasien gefertigt. Wohl aus z.T. eingefärbtem Bein sind die beiden hohen Buchstützen geschnitten (Abb. 4); vielleicht aus China, die Göttin Guanyin auf dem Löwen darstellend.

Aus Elfenbein sind die zwei wunderschönen, sehr seltenen Buchstützen geschnitzt (Abb. 5). Möglicherweise aus Japan, die Göttin Kannon auf dem Lotusblatt thronend, bei deren Anblick nicht nur ostasiatische Gläubige, sondern auch europäische Atheisten Trost und Glück nicht nur suchen, sondern auch finden können.

4

5

TIERE AUF DEM SPRUNG …

eignen sich – da den Gesetzen der Schwerkraft folgend – eigentlich nicht als stabile Buchstützen. Es sei denn, ein Bildhauer lässt sie im Sprung innehalten.

1

2

Drei dieser ‚Contradictio in eo ipso-Buchstützen' seien hier vorgestellt:

Die springenden Porzellan-Gazellen (Abb. 1) kommen aus Limoges. Entworfen hat sie 1928 Camille Tharaud. Von ihm stammt eine Vielzahl von Buchstützen, u.a. auch die im nächsten Schaufenster gezeigten Widder.

Von wem der elegante Windhund auf dem Sprung aus Keramik (Abb. 2) stammt, konnte ich nicht feststellen. Vertrieben wurde er von der Firma „Robj".

Einzigartig die Springreiter (Abb. 3). Geschaffen hat diese Magdeleine Anthouard aus Metall. Gegossen wurde die Stütze von LN Paris JL (Les Neveux des Jules Lehmann).

LITERATUR:

Jean-Marc Ferrer: Camille Tharaud 1878-1956. L'art de la porcelaine de grand feu. Geneytouse 1994.

Keith & Thomas Waterbrook- Clyde: Art Deco Limoges. Camille Tharaud and Other Ceramists. Atglen 2005, S. 37 mit Abbildung der springenden Gazellen in anderem Dekor.

Katharine Morrison McClinton: ART DECO. A Guide for Collectors. New York 1972, S. 120-126 zur Rolle der Firma „Robj" bei der Schaffung und beim Vertrieb von Kunsthandwerk des Art déco zwischen den beiden Weltkriegen.

Bryan Catley: ART DECO and other Figures. Woodbridge 1978, S. 323 mit Buchstützen, die Magdeleine Anthouard geschaffen hat.

3

ZUM NÜTZLICHEN STÜTZER …

und nicht zum schädlichen Gärtner machen viele Kunsthandwerker den Bock. Er ist eines der beliebtesten Tiere, wenn es um ein Motiv für Buchstützen geht.

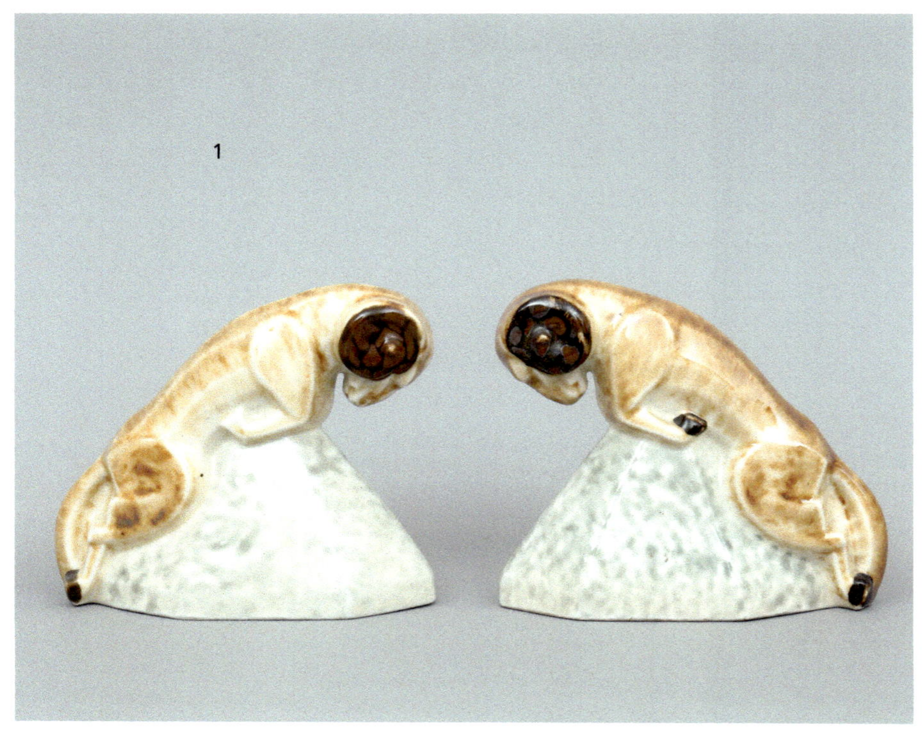

1

2

Allerdings lässt das Stützen noch Wünsche offen, wenn der Bock aus Porzellan gefertigt wird.

Das beweisen die um 1930 von Camille Tharaud in Limoges geschaffenen Widder (Abb. 1). Selbst – wie bei Porzellanstützen häufig – mit Sand gefüllt, stützen sie höchstens Büchlein.

Besseren Halt bieten einige aus Metall gefertigte Bock-Stützen, besonders wenn sie auf schweren Marmorplatten montiert sind:

So die um 1930 von Max Le Verrier entworfenen Steinböcke (Abb. 2). Sohn und Enkel des 1973 verstorbenen Bildhauers fertigen noch heute dessen Lampen, Plastiken und Buchstützen. Die beiden hier gezeigten stammen – wie Filz und Befestigung am Boden belegen – aus der Zeit vor dem zweiten Weltkrieg.

Besonders passend, wenn sich Faun und Bock beim Stützen messen. Das in Abb. 3 gezeigte Paar ist nicht signiert; erfüllt aber trotz anonymer Herkunft, schön anzuschauen, seinen Zweck.

Auch Nachwuchsböcke können Bücher stützen. Jedenfalls kleine Draufgänger, wie die in Abb. 4 gezeigten Bronze-Böcklein. Entworfen von Paul Silvestre wurden sie in der von 1804–1975 in Paris von der Familie Susse geführten Firma „Susse Frères" gegossen.

Wenn junge Böcke sich hoch aufrichten, verlieren sie leicht das Gleichgewicht. Dann sorgen höchstens Bücher für Unterstützung (Abb. 5).

3

4

5

Literatur:

Jean-Marc Ferrer: Camille Tharaud 1878-1956. L'art de la porcelaine de grand feu. Geneytouse 1994.

Keith & Thomas Waterbrook-Clyde: Art Deco Limoges. Camille Tharaud And Other Ceramists. Atglen 2005.

Louis Kuritzky and Charles De Costa: Collector's Enzyclopedia of Bookends. Identification & Values. Paducah 2006, S. 29 f. zur Firma Max Le Verrier.

Pierre Cadet: 150 Years of Sculpture. Susse Frères. Paris 1992.

16

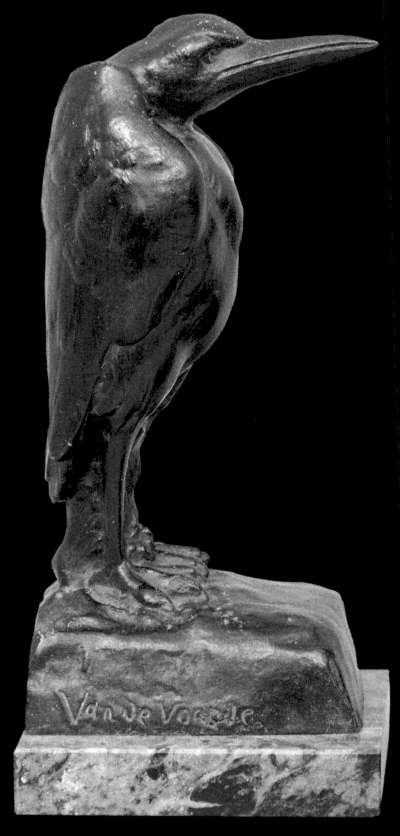

EULE, KRANICH, PAPAGEI
UND DIE GANZE VOGELSCHAR
STÜTZEN MEINE BÜCHEREI
GANZ BESONDERS GUT ALS PAAR.

1

Eulen sind neben den Tauben gern gesehene Vögel unter den Buchstützen. Kein Wunder, ist doch die Eule als ‚Eule der Minerva' Sinnbild für Klugheit, ja Weisheit. Viele Eulen-Buchstützen sind dem Kitsch näher als dem Kunsthandwerk. Ich beschränke mich deshalb auf ein kunstfertiges Exemplar.

Die in Abb. 1 gezeigte Schleiereule hat der russische Bildhauer Georges Lavroff während seines Aufenthalts von 1927 bis 1935 in Frankreich in kleiner Auflage in Bronze gießen lassen.

Die krakelierten Kraniche aus Steingut (Abb. 2) tragen keine europäische Signatur. Fremdartige Schriftzeichen, großflächig geprägt unter der Glasur sichtbar, deuten auf eine Herkunft aus China hin.

Von dem belgischen Bildhauer Georges Vandevoorde stammen die Buchstützen mit dem Marabu (Abb. 3), gleichfalls ein Vogel, der die Weisheit versinnbildlicht.

Ungewöhnlich durch die Kombination von Wurzelholz und silbrig glänzendem Metall sind die turtelnden Wellensittiche, signiert mit A. Foure (Abb. 4).

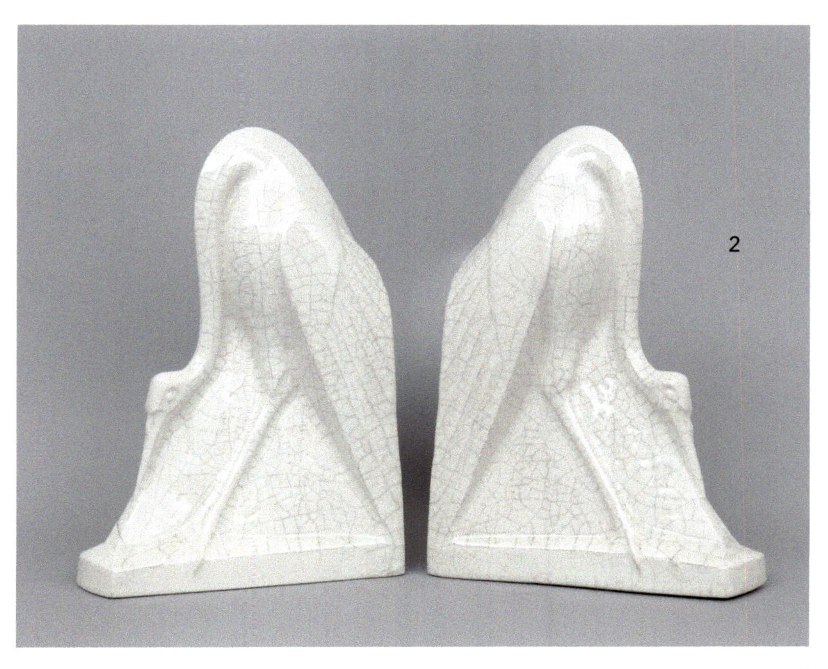

4

17

ELEFANTEN, BISON UND BÄR
SIND VON NATUR AUS RICHTIG SCHWER,
WESHALB SIE KÜNSTLER GERNE NÜTZEN,
UM SCHWERE BÜCHER GUT ZU STÜTZEN

1

2

Vorausgesetzt, sie gestalten die Buchstützen entsprechend schwer und voluminös.

Die schwersten sind die beiden sich angreifender Tiger erwehrenden Elefanten (Abb. 1). Die Bronzen tragen keine Signatur. Ich gehe angesichts der hohen Qualität davon aus, dass sie in Japan gegossen worden sind.

Die Elefanten mit Jungen (Abb. 2) aus krakeliertem Steingut tragen die Signatur „F.H.". Wer sich dahinter verbirgt, konnte ich nicht ergründen.

Ungewöhnlich das Zusammentreffen von Elefant und Bison (Abb. 3). Das reich staffierte, ungleiche Paar aus Porzellan ist mit „Aladin France" signiert. Selbst die Fachleute des Keramischen Museums Mettlach konnten die Signatur nicht auflösen.

Der leicht abstrakte, fein krakelierte, sich aufbäumende Eisbär (Abb. 4) stammt aus der „Faïencerie d'Art de Saint Radegonde en Touraine", Tours.

Von Max Le Verrier entworfen ist der in Abb. 5 gezeigte Bison. Wohl um den Aufwand gering zu halten, verzichtet Le Verrier – wie bei den Steinböcken in Schaufenster 15 – darauf, den Raum zwischen den Beinen auszusparen. In meinen Augen ein Mangel.

Aus den 1950er Jahren stammt der einsame Stier aus Holz (Abb. 6). Geschaffen hat ihn der Wiener Karl Hagenauer. Eine Überraschung für alle, die mit Hagenauer unterschiedliche Gebrauchsgegenstände aus Metall verbinden. Einige dieser filigranen Buchstützen aus dem Hause Hagenauer bringt Schaufenster 25.

3

4

5

6

Literatur:

Keramisches Museum Mettlach (Hrsg.): Ausstellung Art Déco-Keramik, Sammlung Norbert und Georgette Poulain-Caese. Mettlach 1981, S. 54 f. mit der Abbildung einer Deckeldose von „Aladin" und dem Hinweis „Keine näheren Angaben bekannt".

Louis Kuritzky and Charles De Costa: Collector's Enzyclopedia of Bookends. Identification & Values. Paducah 2006, S. 29 f. zur Firma Max Le Verrier.

ZOO Antwerpen (Hrsg.): 150 WITTE KERAMISCHE DIEREN. Antwerpen 1993, S. 63 mit Informationen zur „Faïencerie d'Art de Saint Radegonde en Touraine", Tours.

18

KAUM ZU GLAUBEN, WIE VIELE TAUBEN …

als Buchstützen herhalten müssen. Neben den Brieftauben sind so die Büchertauben heimisch geworden. Natürlich nicht im Flug; sie müssen sich schon niederlassen, um Bücher zu stützen.

1

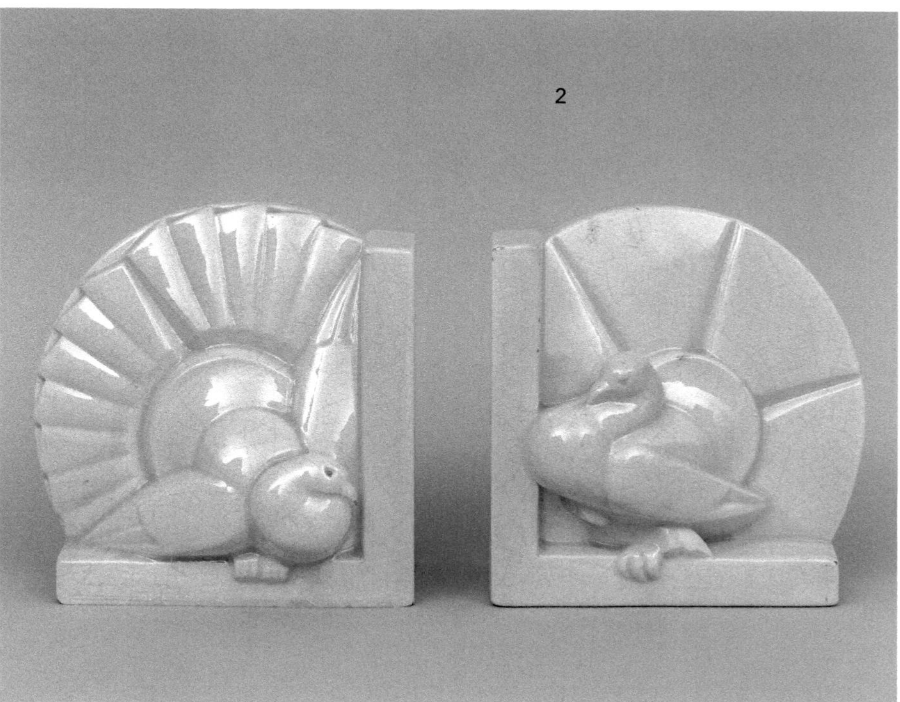

2

Vier Paare, alle aus den 1920/30er Jahren, seien hier vorgestellt:

Mit ihren aufgestellten Schwanzfedern versucht die nicht signierte Steingut-Taube mit für die Entstehungszeit typischen Craquelé Bücher zu stützen (Abb. 1).

Die plusternden Buchstützen-Tauben (Abb. 2) sind von Charles Lemanceau für die französische Manufacture de Saint-Clément entworfen worden.

Der produktive französische Bildhauer Georges Henri Laurent hat um 1930 rund ein Dutzend Tier-Buchstützen geschaffen. Seine in Abb. 3 gezeigten Tauben aus Bronze scheinen stützmächtiger zu sein, als sie mit ihrer Höhe von lediglich 13 cm (inklusive des Sockels) tatsächlich sind.

Viel stabiler stützen da die mehr als doppelt so hohen stolzen Tauben aus Bronze von Geneviève Granger (Abb. 4). Sie sind für die Gießerei Edmond Etling & Cie geschaffen und von Etlings Galerie vertrieben worden. Die Tauben wurden auch als Gruppe und nicht als Buchstütze von der „Manufacture national de Sèvres" in Porzellan ausgeformt. Dass sich die Künstlerin nicht nur um friedliche Tauben kümmerte, zeigt das unten angezeigte Buch „MUSSOLINI PARLE".
Edmond Etling wurde, weil Jude, um 1940 von den Nazis ermordet.

3

4

Literatur:

Bryan Catley: Art deco and other figures. Woodbridge 1978, S. 326 f. mit Buchstützen von Georges Henri Laurent.

Keramisches Museum Mettlach (Hrsg.): Ausstellung Art Déco-Keramik, Sammlung Norbert und Georgette Poulain-Caese. Mettlach 1981, S. 72 f. zur „Manufacture de Saint-Clément" und zu dem Bildhauer Charles Lemanceau.

Pierre Chanlaine: MUSSOLINI PARLE. Avec treize dessins de Geneviève Granger. Paris 1932

19

AUCH MIT HALBEN TIEREN …

lassen sich Buchstützen zieren. So findet man bis heute verkannte Metzger unter den Gestaltern, die unterschiedliches Getier in zwei Hälften zerlegen, um Bücher zu stützen.

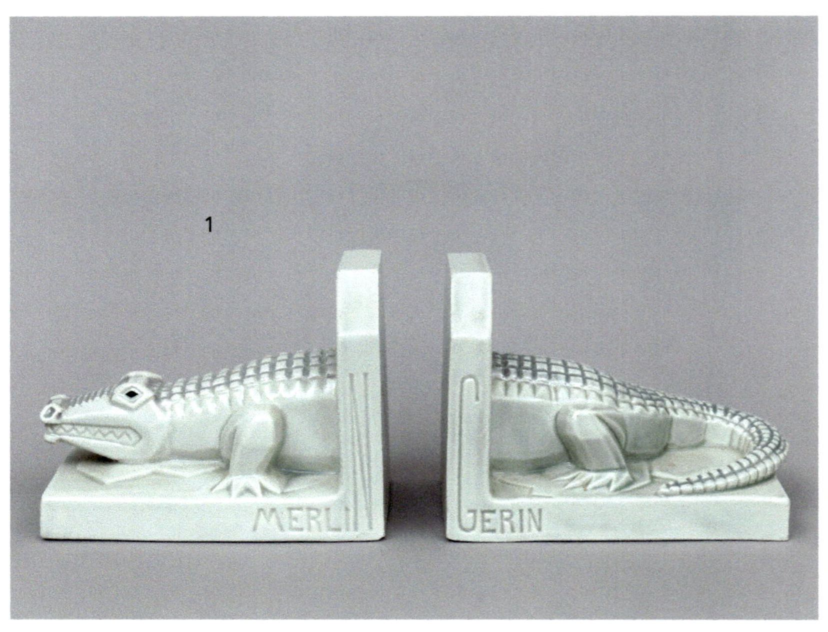

1

2

Um 1930 entstand das geteilte Krokodil (Abb. 1). Der deutlich auf den Seiten eingeprägte Namenszug „MERLIN GERIN“ hat mich anfangs irritiert. Wollte ein(e) Gestalter(in) so offensichtlich für sich werben? Nein, geworben wurde mit dieser Stütze für das 1920 von Paul-Louis Merlin und Gaston Gerin in Grenoble gegründete Unternehmen für elektrische Anlagen mit Schwerpunkt der Energieverteilung. Darauf deuten auch die beiden hochgezogenen Buchstaben M und G hin. Warum die beiden Firmengründer nicht einen stromerzeugenden Zitteraal zerteilt als Buchstütze entwerfen ließen, bleibt ihr Geheimnis. Aber vielleicht ist die Buchstütze auch eine Hommage an das vor 100 Jahren erschaffene Reptil aus der Urzeit der Elektrotechnik: Die Schweizer Elektrolokomotive „Krokodil“. Wie dem auch sei, und Geschmack hin oder her, die schwere Porzellanstütze mit unleserlicher Manufakturmarke hält auch gewichtige Bücher verlässlich zusammen.

Erst in den letzten 25 Jahren entstand das zweigeteilte Nashorn der Firma „SAUER“ (Abb. 2); auf Messing montiert, nicht jedermanns Geschmack.

Den zerteilten Wal (Abb. 3) hat der 1966 geborene amerikanische Designer Jonathan Adler erst jüngst geschaffen. Offensichtlich hat er mit dem Halbieren von Tieren Erfolg; zusätzlich bietet er auch einen geteilten Stier und einen halbierten Dachshund als Buchstütze an.

Wer des Sezierens müde, aber ein Freund des Teilens ist, zieht die halbierten, dunklen Holzsäulen vor (Abb. 4). Sie erfreuen seit Jahrzehnten in England und den USA die Liebhaber einer traditionellen Wohnungseinrichtung.

3

4

20

EINE VIELFALT VON FRAUEN …

bevölkert – ganz in der Tradition von Jugendstil und Art déco – die Welt der Buchstützen. Manchmal noch von einem Buch begleitet, ansonsten mehr oder weniger unbekleidet, sollen sie Bücher stützen.

1

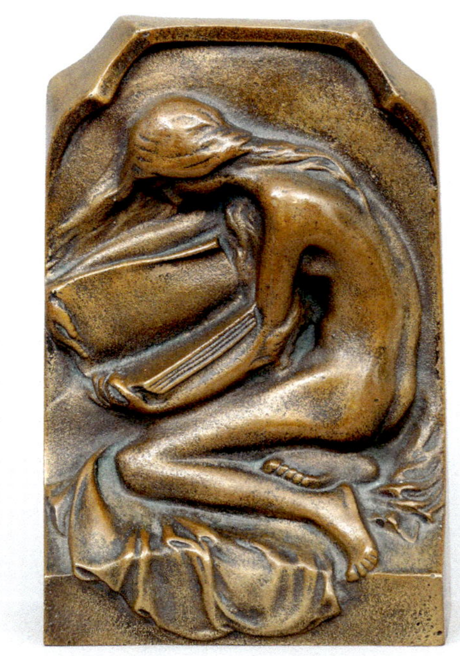

2

Typisch für die von dem französischen Bildhauer Max Le Verrier um 1930 geschaffenen Frauenfiguren – neben Glühlampen vorhaltenden oder Früchte darreichenden – ist die weitsichtige Leserin aus Metall auf einem passenden Marmorsockel (Abb. 1).

Möglicherweise ein paar Jahre früher entstand die ein großformatiges Buch Studierende (Abb. 2). Die sorgfältig in Bronze gegossene Figur trägt leider keinerlei Signatur.

Die drei folgenden Buchstützen zeigen weniger Belesene. Gemeinsam ist den dargestellten Frauen, dass auch sie neben wenig Kleidung den in den 1920er Jahre in Mode gekommenen Bubikopf tragen.

Die schwere braune Bronze auf farblich abgestimmtem Travertin-Sockel (Abb. 3) zeigt eine junge Frau mit Blumenbukett. Wer sie geschaffen hat, bleibt mangels Signatur im Dunkeln.

Von dem französischen Keramiker Édouard Cazaux stammen die Knienden aus Steingut (Abb. 4). Das Violett von Kleid und das Türkisgrün des Stützenbodens betonen das leicht rosa angehauchte Craquelé des Körpers.

3

4

5

6

Etwas aufregender, in der Gestaltung eher biederer zeigt sich die Kniende in Abb. 5. Immerhin ist ihre Herkunft klar; sie stammt aus der Fayencemanufaktur „Sarreguemines".

Seltener trifft man auf stärker verhüllte Damen. Drei außergewöhnliche Bronzen seien hier vorgestellt:

Das „Thought and Progress" versinnbildlichende Paar (Abb. 6) hat 1914 der in Wien geborene, in New York wirkende Bildhauer Isidore Konti geschaffen. Die sehr seltenen Buchstützen wurden von der „Gorham Company" in Providence, Rhode Island gegossen. Dieser Firma verdanken auch der Davis Cup und der America´s Cup ihre Gestalt.

Eine weitere Buchstütze zum Thema „Denkerin" (Abb. 7) stammt von dem 1916 verstorbenen französischen Bildhauer Maurice Bouval. Er ist berühmt für eine große Zahl von Bronzefiguren im Jugendstil.

Die in Abb. 8 gezeigten Frauenfiguren tragen die Signatur des früh aus Rumänien nach Frankreich ausgewanderten Bildhauers Demétre Chiparus. Diese Stützen sind aus zwei Gründen ungewöhnlich:

- Zum einen sind sie die schwersten Buchstützen, die wohl je in Bronze gegossen wurden; sie wiegen zusammen fast einen Viertel Zentner. Es dürfte kein Buch geben, das sie nicht stützen könnten.
- Zum anderen scheinen sie die einzigen Buchstützen zu sein, die Chiparus je geschaffen hat; unter den rund 200 in der Literatur abgebildeten Figuren, die meisten

davon Frauen, die der produktive Bildhauer entworfen hat, taucht keine Buchstütze auf. In Anlehnung an eine ähnliche, aus Bronze und Elfenbein von ihm gestaltete Figur darf man sie als zwei „Venezianische Damen" bezeichnen.

7

8

LITERATUR:

ZOO Antwerpen: 150 WITTE KERAMISCHE DIEREN. Antwerpen 1993, S. 88 zur Fayencemanufaktur Sarreguemines.

Louis Kuritzky/Charles De Costa: COLLECTOR'S ENCYCLOPEDIA OF BOOKENDS. Identification & Values. Paducah 2006, S. 9 zur Gorham Company und auf S. 29 f. zu dem Bildhauer Max Le Verrier.

Alberto Shayo: CHIPARUS Master of Art Deco. Woodbridge 2019, S. 102 mit der Abbildung der Figur „Venetian Lady".

21

TRAUTE ZWEISAMKEIT …

versprechen häufig Buchstützen. Stützen sie doch häufig gemeinsam Bücher.

1

2

Aus der nicht geringen Zahl vertrauensvoller Zusammenspiele von Paaren seien hier fünf vorgestellt. Dem Zeitgeist ihrer Entstehung entsprechend spielt dabei der Mann die aktive Rolle:

Typisch die mit „Adoration" bezeichnete, 1925 von der New Yorker Firma „Pompeian Bronze Co" angebotene Stütze (Abb. 1).

Der hingebungsvoll die Saiten schlagende Troubadour aus den 1930er Jahren, der auf eine gleichfalls hingebungsvolle Verehrte trifft (Abb. 2), stammt von der Bildhauerin Clarisse Lévy-Kinsbourg und wurde von der Edition „KAZA" vertrieben.

Die neckisch sich suchenden Satyr und Nymphe aus schwerer, schön patinierter Bronze (Abb. 3) tragen die Signatur des französischen Bildhauers Joanny Durand.

Noch schwerere Bronzestützen zeigen den belesenen Mann und die aufmerksam lauschende Frau (Abb. 4). Die unsignierten Buchstützen stammen, wenn ich die Schriftzeichen auf dem Buch richtig deute, aus Siam.

Der noch offline agierende Influencer nebst weiblicher Followerin (Abb. 5) ist mit „SEVIN" signiert. Die Buchstütze stammt von der mit Glas, Keramik und Porzellan gestaltenden Bildhauerin Lucille Sévin. Vertrieben wurde die Buchstütze von der Firma „Etling Paris".

3

4

5

22

PAARE, DIE SICH NICHT STÜTZEN …

findet man im Leben häufiger als in der Welt der Buchstützen. Herrscht in dieser doch häufig eitel Sonnenschein zwischen den Geschlechtern.

1

2

Deshalb kann ich nur mit wenigen streitsüchtigen oder nebeneinander her lebenden Paaren aufwarten; immerhin stützen sie Bücher.

Scharf grenzt sich das streitende Paar in Abb. 1 ab. Es ist aus Porzellan geformt und trägt die Signatur „LIMOGES ELTÉ FRANCE".

Ungewöhnlich das Paar aus der Normandie (Abb. 2). Sie stützt einen besoffenen (Ehe) mann; oder treibt sie ihn zur Arbeit an? Das verquere Paar bringt die Bücher – wie bei keiner anderen Buchstütze – schief, aber stabil auf Stand. Die Bronze stammt von dem französischen Bildhauer André-Vincent Becquerel. Er war einer der produktivsten Entwerfer von Art-Déco-Figuren, insbesondere auch von Buchstützen. Die hier gezeigte, die von der Firma „Etling Paris" vertrieben wurde, taucht in der Literatur – soweit ich sehe – nirgends auf. 2021 wurde in Paris eine Fassung aus Keramik, ergänzt um den Namen des Keramikkünstlers Marcel Guillard, versteigert.

Zwei kleinformatige Bücherstützen belegen die Entfremdung von Paaren:
Die reizvolle Darstellung zweier nicht gerade zugeneigter Darsteller (Abb. 3) stammt aus jüngster Zeit. Entworfen hat sie Kati Zorn für die „Erste Volkstedter Porzellanmanufaktur von 1762".

Den seine reizvolle Partnerin zugunsten des Buches verschmähenden Leser (Abb. 4) hat um 1930 die berühmte englische Keramikkünstlerin Clarice Cliff für die Töpferei „Arthur J. Wilkinson (Ldt.)" entworfen.

3

4

Literatur:

Brian Catley: ART DECO and other Figures. Woodbridge 1978, S. 41–44 und S. 324 mit Abbildungen von Figuren und Buchstützen von André-Vincent Becquerel.

Irene and Gordon Hopwood: The Shorter Connection: A. J. Wilkinson, Clarice Cliff, Crown Devon – A Family Pottery, 1874–1974, Illminster 1992. Das Paar von Clarice Cliff taucht dort unter den zahlreich abgebildeten Figuren nicht auf.

23

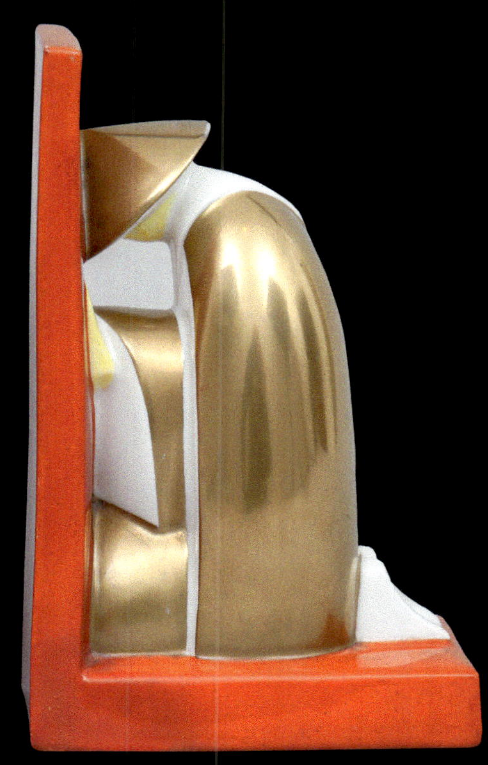

MÄNNER …

beleben nicht ganz so häufig wie Frauen die Buchstützen-Szene. Und wenn, dann – anders als die das weibliche Geschlecht verherrlichenden Stützen – meist bekleidet. Zwar gibt es auch den nackten Lesenden, Denkenden und Kämpfenden. Jedoch herrschen sittsam bekleidete Leser, Piraten, Krieger, berühmte Männer und einfache Arbeiter vor.

1

2

Für die Arbeitswelt mögen hier zwei Stützen stehen:

Der schleppende, stützende Arbeiter aus grau lasiertem Steingut (Abb. 1) ist mit einem „E" nebst vier Sternen gemarkt, eine Marke, die ich nicht aufzulösen vermag.

Keinerlei Marke trägt der schiebende Arbeiter aus krakeliertem Steingut (Abb. 2).

Geistiger und fernöstlich geht es bei der von der Firma Robj in den 1920er Jahren vertriebenen Buchstütze zu:

Die beiden betenden Adepten des Konfuzius (Abb. 3) hat die Manufaktur „Gérard, Duffraisseix, Abbot (GDA)" in Limoges – heute „Royal Limoges" – hergestellt. Sie existieren auch in anderer farblicher Gestaltung.

Den was auch immer abwehrenden oder stützenden Chinesen aus Steingut (Abb. 4) gibt es auch in Weiß. Produziert wurde er von der Firma „Villeroy & Boch" in Septfontaines, Luxemburg.

Gleichfalls fernöstlich, aber körperbetont geht es bei den beiden Sumo-Ringern aus Bronze zur Sache (Abb. 5). Sie tragen eine japanische Signatur.

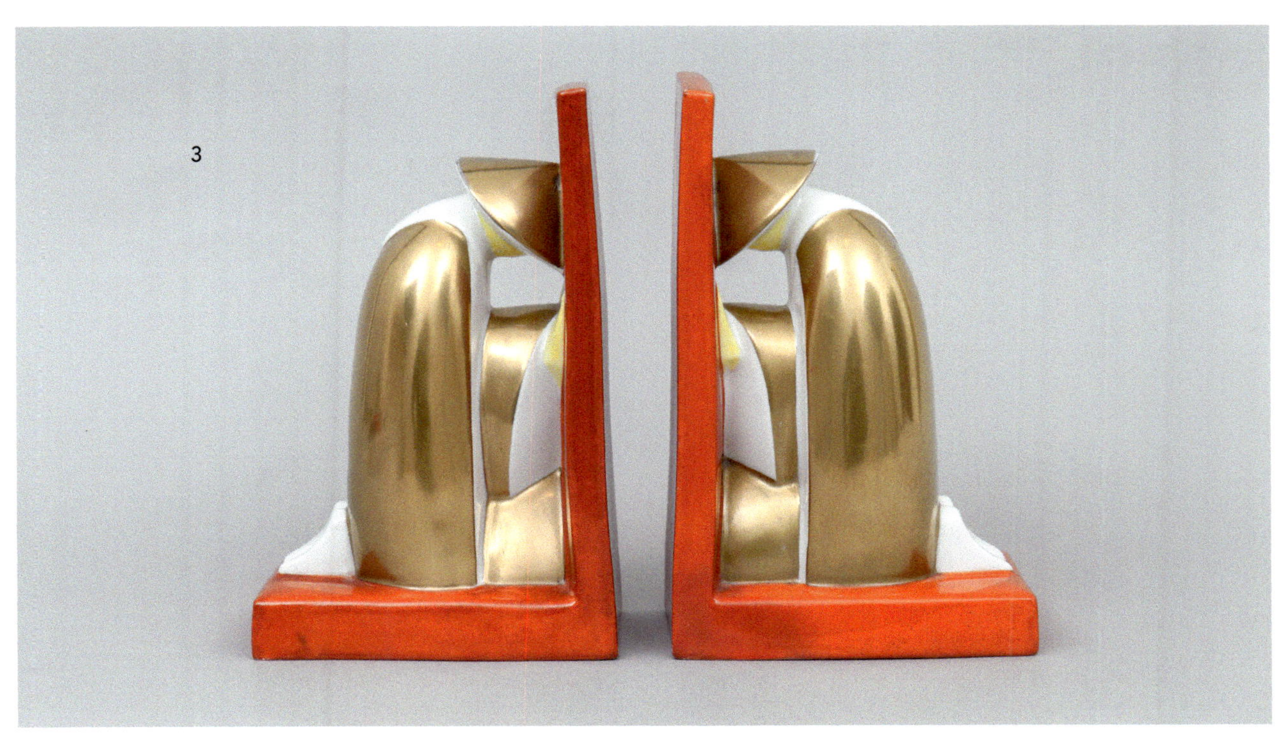
3

4

5

Eine andere häufig von Männern besetzte Welt, allerdings nicht so glatt und ordentlich wie bei fast allen Buchstützen, zeigen die beiden von einem deutschen Keramiker, dessen Name mir leider entfallen ist, vor mehr als 30 Jahren für mich, den Verleger u. a. von Sachbüchern zum Drogenge- und Drogenmissbrauch, geschaffenen Buchstützen aus Keramik (Abb. 6).

6

LITERATUR:

Keith & Thomas Waterbrook-Clyde: Art Deco Limoges. Camille Tharaud and other Ceramists. Atglen 2005, S. 164, 174 zu den Adepten des Konfuzius.

Keramisches Museum Mettlach (Hrsg.): Ausstellung Art Déco-Keramik, Sammlung Norbert und Georgette Poulain-Caese. Mettlach, S. 96, 99 zu dem stützenden Chinesen.

24

NACHWUCHSSORGEN ...

plagen die Händler von Buchst
Zahlreiche Kunsthandwerker ze
die Bücher stützen.

1

2

Die „Collector's Encyclopedia of Bookends" stellt 115 Buchstützen mit Kindern vor. Ich beschränke mich auf zehn, wobei nur eine dieser zehn unter den 115 in der Enzyklopädie auftaucht.

Auffallend sind die vielen Keramik-/Porzellanstützen, die Kindern mit Buch gewidmet sind:

Fehlen darf natürlich nicht der Deutschen (und auch der US-Amerikaner) liebstes Keramik-Kind, das Hummel-Kind aus der Firma Goebel, hier ein Buch betrachtend (Abb. 1).

Aus der berühmten Firma von Max Roesler, und zwar aus deren Zweigwerk in Darmstadt, kommen 1928/29 die beiden Knaben; der eine noch fleißig studierend, der andere vom Studium sichtlich ermattet (Abb. 2). Entworfen hat sie das Atelier Thiem, Heinz Rödel.

Bücher als Spielplatz benutzen zwei spielende Kinder (Abb. 3). Diese Buchstützen sind namenlos „Made in Czechoslovakia".

Ohne Bücher kommen die von dem französischen Bildhauer Pierre Laurel in den 1920er Jahren entworfenen Buchstützen aus; einem Mädchen, das sich lieber mit Weintrauben als mit dem äugenden Faun beschäftigt (Abb. 4).

3

4

5

6

Die beiden Knaben aus der Majolika Manufaktur Karlsruhe kämpfen statt mit dem Buch lieber mit ihren (noch) schwachen Kräften (Abb. 5). Nach dem aufgeklebten Markenzeichen zu urteilen stammen die Knaben aus der Zeit nach 1927.

Gleichfalls aus der Majolika Manufaktur Karlsruhe kommen die beiden Schabernack treibenden Schustergesellen (Abb. 6).
Sie sind erst nach 1950 geschaffen worden.

Außer diesen beiden Buchstützen scheint nur noch eine dritte, eine nicht figürliche, wellenförmige Stütze in Karlsruhe entstanden zu sein.

Zahlreich sind Buchstützen aus Bronze mit Kindern:
Aus den USA stammen die Buchstützen Cupido und Mädchen (Abb. 7). Um 1920 von der Firma A. Griffoul Newark New Jersey nach einem Entwurf des Bildhauers Max Peinlich geschaffen, schmücken sie das Impressum des amerikanischen Buches „BOOKENDS".

Von dem französischen Bildhauer Paul Silvestre und aus der Gießerei Susse Frères in Paris stammen die Faun-Kinder aus schwerer Bronze (Abb. 8).

Aus dem Rahmen fallen die filigranen, fast 30 cm hohen, auf Stühlen spielenden Mädchen (Abb. 9). Die Metallstützen sind nicht signiert. Sie wurden schon mit der Signatur „F. Iffland" angeboten. Wahrscheinlich stammen sie demnach von dem Berliner Bildhauer Franz Iffland (1862–1935).

7

8

9

10

Recht ungewöhnlich ist auch der Knabe, der sich ängstlich vor einem Hummer zurückzieht (Abb. 10). Die auf Büchern aus Holz montierte Bronze ist das verkleinerte, leicht veränderte Abbild des Knaben mit dem Hummer auf dem 1878/79 von dem Bildhauer Reinhold Begas geschaffenen Neptunbrunnen in Berlin.
Die als Buchstütze dienende Figur – nachgeschaffen von dem Bildhauer Felix Görling – unterscheidet sich von dem Original durch ein verschiebbares Lendentuch, das – je nach Sittsamkeit des Haushalts – verdecken kann, was der Knabe vor den Scheren des Hummers zu retten sucht.

Literatur:

Louis Kuritzky and Charles De Costa: Collector's Encyclopedia of Bookends. Identification & Values. Paducah 2006.

Rolf Peters: Max Roesler. Keramik zwischen Jugendstil und Art déco. Darmstadt 1998, auf S. 127 mit den dort farbig staffierten Knaben-Buchstützen.

Johanna Flawia Figiel & Peter Schmitt: Karlsruher Majolika. Karlsruhe 2004 mit Abbildung eines der Schustergesellen.

Robert & Donna Seecof: BOOKENDS. Objects of Art & Fashion. Atglen 2012.

25

AUBÖCK UND HAGENAUER GLÄNZEN ALS WIENER BUCHSTÜTZENBAUER

Ansonsten herrscht in Österreich eher Buchstützen-Ebbe.

1

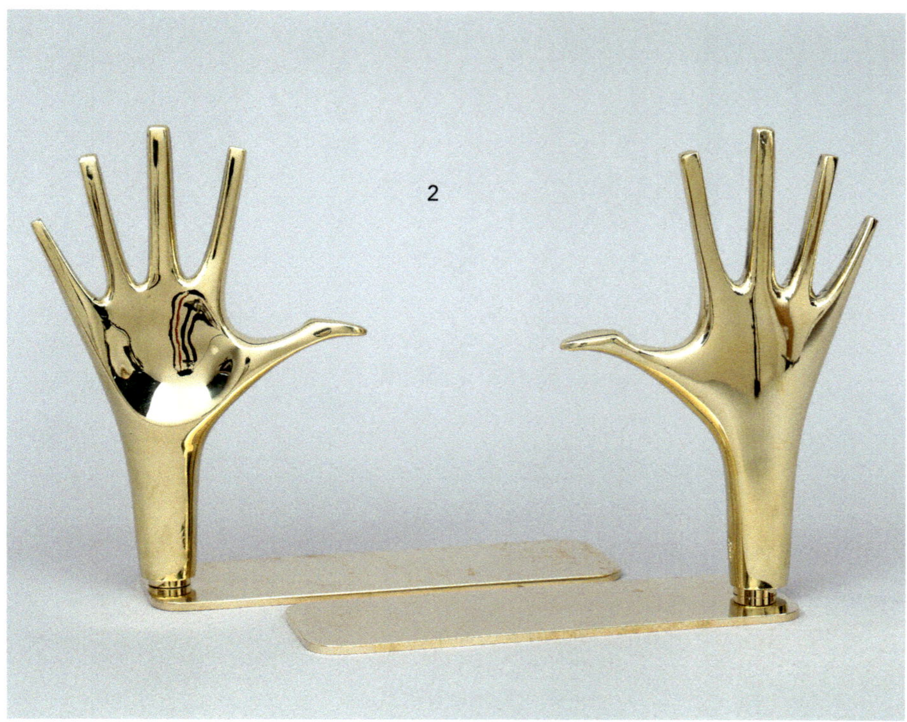

2

Die Wiener Werkstätte Carl Auböck überzeugt ab Beginn des 20. Jahrhunderts bis heute über mehrere Generationen durch die Schaffung gelungener Gebrauchsgegenstände aus Metall. Noch heute bietet die Werkstätte unter anderem 28 unterschiedliche Buchstützen an. Viele dürften von Carl Auböck II entworfen worden sein. Er lernte u.a. bei Johannes Itten von 1919 bis 1921 am Bauhaus in Weimar.

Viele Bauhäusler mussten nach der Auflösung des Bauhauses durch die Nazis 1933 in die weite Welt emigrieren. Im englischsprachigen Katalog der Werkstätte Carl Auböck von 2023 wird an die „tough times in Austria" in jener Zeit erinnert und an eine Tante, die in die USA emigrierte. So „tough" kann es allerdings nicht für alle Auböcks gewesen sein. Trat doch Carl Auböck II schon 1933 illegal der NSDAP bei; im Nazijargon also ein „Alter Kämpfer", der es bis zum SA-Scharführer brachte.
Erfreulich, dass seine Buchstützen der Ästhetik des Bauhauses treu blieben. Ich stelle hier zwei Auböckstützen vor, beide aus poliertem Messingguss:

Die Stütze „hooks" (Abb. 1) und
die Stütze „jazz hands", auf einem Paperweight von 1947 in Form dieser Hand aufbauend (Abb. 2).

In den 1920er Jahren bietet die Wiener Werkstätte Karl Hagenauer über 20 Buchstützen an.

„Hagenauer überzeugte mit asymmetrischer Gestaltung, fließenden Linien, einer weichen natürlichen Formgebung und damit den charakteristischen Elementen des Jugendstils. Die Werkstätte wurde zum führenden Vertreter der damaligen Moderne im Wiener metallverarbeitenden Kunstgewerbe", charakterisiert Olga Kronsteiner das Schaffen dieser Werkstätte.

Von den in dem Katalog der Werkstätte aus dem Jahre 1928 gezeigten 22 Buchstützen seien hier vier vorgestellt. Alle sind eher zierlich, keine höher als 12 cm. Als ‚Rechte-Winkel-Stützen' geben sie aber selbst voluminösen Büchern Halt.

Zwei der vier Buchstützen stellen Reiter dar:

Das eine Paar besteht aus Messing (Abb. 3);
das andere aus Eisen (Abb. 4).

3

4

5

6

Gleichfalls in Messing glänzt das blumenumrankten Mädchengesicht (Abb. 5) und der stark abstrahierte Steinbock mit dem kreisformenden Geweih (Abb. 6).

Zu einer Buchstütze aus Holz, geschaffen von Karl Hagenauer vgl. Schaufenster 17.

Gemessen an der reichhaltigen Auswahl an Metallstützen aus den Wiener Werkstätten Auböck und Hagenauer, hält sich das österreichische Angebot an Buchstützen aus Keramik/Porzellan in Grenzen. Unter Hunderten von Keramiken, die im Standardwerk von Waltraud Neuwirth zur Wiener Keramik aufgeführt werden, habe ich gerade mal acht Buchstützen gefunden. Ich beschränke mich hier auf drei mit Motiven aus dem nicht nur österreichischen Tierreich:

Die aufsteigenden Pferde (Abb. 7) stammen von Michael Powolny, Mitbegründer der Wiener Sezession und Professor an der Kunstgewerbeschule in Wien. Die Buchstützen entstanden um 1923 in der Gmundener Keramische Werkstätte AG, als Powolny dort Mitinhaber war.

Wer die ostasiatisch anmutenden Katzenstützen (Abb. 8) entworfen hat, konnte ich nicht feststellen. Sie tragen die Marke von „Keramos, Wiener Kunst-Keramik und Porzellanmanufaktur AG".

7

8

Das Buchstützenpaar mit dem reizenden Affenpärchen (Abb. 9) hat Michael Mörtel geschaffen. Es ist – als einzige Buchstütze überhaupt – in dem Standardwerk von Waltraud Neuwirth abgebildet. Dort allerdings nicht – wie hier – farblich staffiert, sondern (nicht sehr passend) in Weiß. Hergestellt wurden sie in der „Wiener Kunstkeramischen Werkstätte Busch & Ludescher"

Diese Stütze ist meine einzige mit Affen. Eine Affen-Buchstütze aus Nymphenburger Porzellan gefällt mir nicht. Und die Bronze-Stützen „alter ego", die Jörg Immendorf 1995 in 992 Exemplaren in Form zweier Affen geschaffen hat (s. dazu die Einleitung S. 26), ist mir zu teuer.

Literatur:

Clemens Kois & Brian Janusiak (Hrsg.): CARL AUBÖCK: THE WORKSHOP. New York 2012 mit 12 abgebildeten Buchstützen.

WERKSTÄTTE CARL AUBÖCK. THE CATALOGUE. Wien 2023.

Ingrid Holzschuh, Sabine Plakolm-Forsthuber: Auf Linie: NS-Kunstpolitik in Wien. Die Reichskammer der Bildenden Künste. Basel 2021, S. 235 zu Carl Auböck II.

Olga Kronsteiner: Werkstätte Hagenauer. Die 1920er und 30er Jahre. In: WELTKUNST, Heft 13/2001, S. 2004-2006.

Katalog der Werkstatt Hagenauer aus dem Jahre 1928. Nachdruck Wien 1999.

Quittenbaum Kunstauktionen: Hagenauer – Eine Privatsammlung. Auktionskatalog 2010 mit 16 abgebildeten Buchstützen auf den S. 17, 20 f., 60 f., 63–65.

im Kinsky: Nachlass von Franz Hagenauer. Auktionskatalog Wien 2014.

Waltraud Neuwirth: Wiener Keramik. Historismus. Jugendstil. Art Deco. Braunschweig 1974, S. 223-225 mit Informationen zu Michael Mörtel.

Dieter Zühlsdorff: Markenlexikon Band I. Porzellan und Keramik Report 1895-1935. Stuttgart 1988, S. 106, 108, 367, 437, 507, 643 mit detaillierten Informationen zu den auf den drei Keramik-Buchstützen angetroffenen Marken.

26

FERMALIBRI AUS ITALIEN

Ansehnlich sind die recht zahlreichen
Buchstützen aus unterschiedlichem Ma

1

Der Designer Piero Fornasetti hat eine Flut von Metall-Winkelstützen geschaffen. Sein Sohn Barnaba vertreibt sie noch heute. Der Aufwand für die mit hübschen Motiven bedruckten Stützen steht in keinem Verhältnis zu den stolzen Preisen. Deshalb ließ ich sie stehen.

Selten sind Winkelstützen aus Pappmaché (Abb. 1). Sie stammen – wie die Klebemarke auf dem Fuß zeigt – aus einem Geschäft für Kunsthandwerk in Novara. Sie sind mit Meeresmotiven verziert im Stil des italienischen „ANNI-TRENTA".

Gleichfalls auf das Italien der 1930er Jahre deuten die Winkelstützen aus Glas auf Metall hin (Abb. 2). Das Glas glänzt mit Phönix und dem Dichterross Pegasus.

Fehlen dürfen natürlich nicht Buchstützen mit Intarsien aus Sorrent (Abb. 3).

Naheliegend angesichts der italienischen Marmorbrüche sind häufig Buchstützen aus Marmor. Wegen seines Gewichts stützt der Carrara-Marmor auch dickleibige Wälzer (Abb. 4).

2

3

4

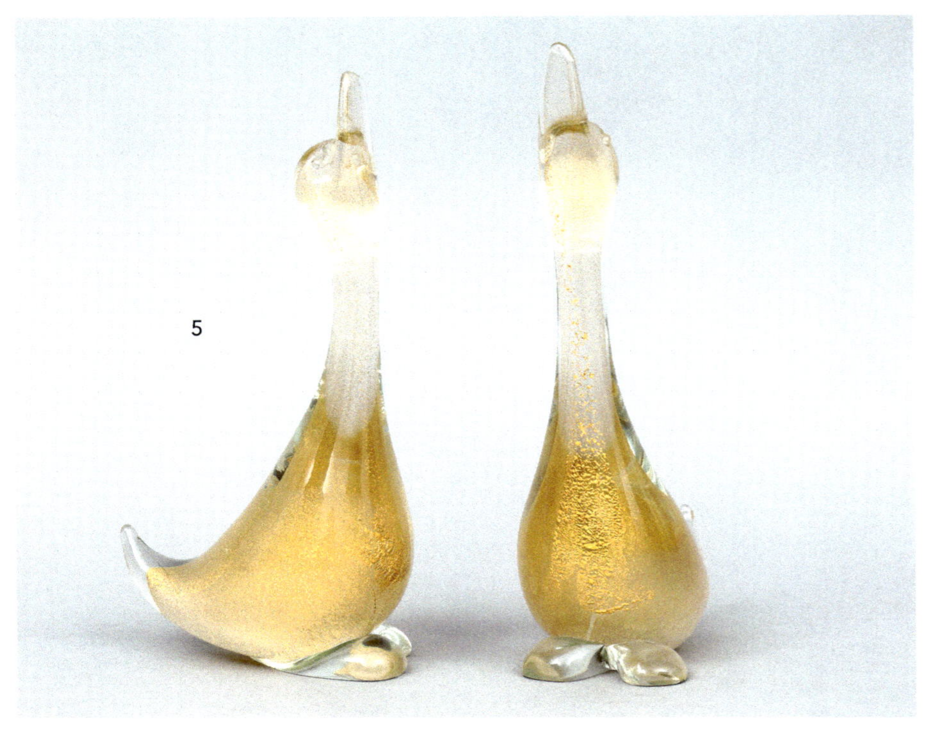

5

Zahlreiche Buchstützen haben die Murano-Glasmanufakturen hervorgebracht; in unterschiedlichen Formen von figürlich bis abstrakt. Vier seien hier vorgestellt:

Die beiden Enten (Abb. 5) sollen dank langer Hälse Bücher stützen; ein waghalsiges Unternehmen!

Da sind ausgewachsene Äpfel und Birnen schon besser geeignet (Abb. 6).

Unschlagbar zum Bücher Stützen sind die beiden voluminösen, schweren Kugeln aus Murano (Abb. 7).

6

Buchstützen müssen nicht nur Bücher halten. Auch für Werbezwecke müssen sie oft herhalten. So werben u. a. auch italienische Modehäuser mit Buchstützen:
Zum Beispiel „GUCCI" mit einer Buchstütze aus grünem Marmor und einer weiteren mit farbigen Leder. Auch „VERSACE" lässt sich nicht lumpen: „Rosenthal" lieferte eine Buchstütze aus Porzellan; und aus Murano stammen die beiden Buchstützen für „VERSACE" (Abb. 8), die auch als Paperweights dienen können

7

8

27

IN SKANDINAVIEN SIND BUCHSTÜTZEN EHER STIEFKINDER

Jedenfalls ist mein Bestand von Buchstützen aus Dänemark oder Schweden eher dürftig. Das verwundert; bereicherte doch qualitätvolles Kunsthandwerk aus diesen beiden Ländern ab den 1960er Jahren die deutsche Wohnwelt.

1

2

Die Rechte-Winkel-Buchstütze mit der kleinen Venus aus der Muschel (Abb. 1) stammt – wie die Signatur „JUST" und „DENMARK" ausweist – von dem 1943 verstorbenen dänischen Bildhauer Just Andersen. In seiner Firma „Just Andersen Zinn" entstanden noch weitere Buchstützen aus dem eher ungewöhnlichen Material Zinn.

Gleichfalls aus Zinn – und nicht aus Silber – ist die Buchstütze, die die dänische Silberwarenmanufaktur „Georg Jensen" um die Jahrtausendwende produziert hat (Abb. 2). Schwere Bücher werden von leichtem Zinn in dieser Form schwerlich gehalten.

Besser stützt da schon die gleichfalls von Jensen produzierte Buchstütze aus Stahlrollen (Abb. 3). Die von Andreas Mikkelsen entworfene Stütze kann allerdings nur wenigen Büchern Halt bieten. Vorbild sind die in den USA in den 1920er/30er Jahren entwickelten Scroll-Bookends (s. Schaufenster 30).

Aus Schweden kann ich nur mit drei Buchstützen dienen:
Aus der Glasmanufaktur Kosta Boda stammt die von Bertil Vallien geschaffene Stütze aus blauem Glas. In ihrem Fuß ist jeweils Platz gelassen für ein Teelicht (Abb. 4).

Den Mangel an Stützen milderte schon früh der 1959 verstorbene schwedische Bildhauer Axel Gute. Um 1920 schuf er mindestens vier figürliche Bronze-Buchstützen. Die in meinen Augen schönste zeigt die 1919 entstandene Stütze mit der keuschen Syrinx und dem verliebten Pan (Abb. 5).

Zu einer von der Glasmanufaktur Orrefors geschaffenen Buchstütze siehe Schaufenster 7.

3

4

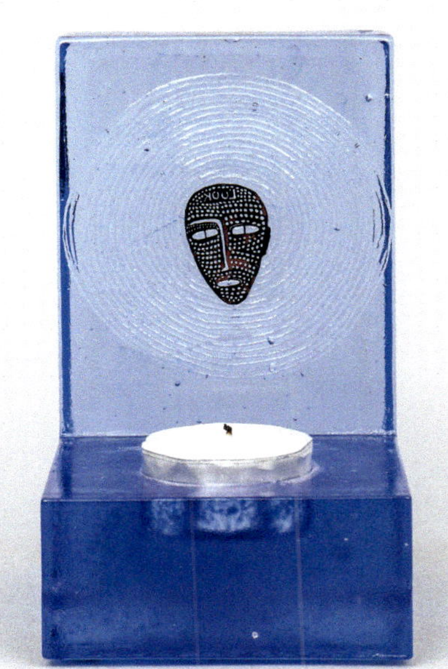

5

28

VARIATIONEN VON BUCHSTÜTZEN …

schaffen phantasievolle Kunsthandwerker und geschäftstüchtige Vertreiber von Kunsthandwerk. So wechseln auch Buchstützen bei gleicher Gestalt in ein unterschiedliches Dekor oder in unterschiedliches Material.

Zum Beispiel werden die kubistisch anmutenden Porzellan-Hasen-Stützen aus Limoges von der Firma „ELTÉ" sowohl in Rot als auch in Gold dekoriert (Abb. 1).

Die erst jüngst von der Glasmanufaktur Lalique geschaffenen, sich aufbäumenden Pferde gibt es außer in weiß auch in schwarz und bronzefarben (Abb. 2).

Die vielleicht schönste Buchstütze der Porzellanmanufaktur „Rosenthal" ist das Marabu-Paar. 1928 geformt von dem Modelleur Hans Küster wurden sie in reinweiß, aber auch farblich staffiert vertrieben (Abb. 3).

Übrigens: soweit ich sehe, existieren von Rosenthal nur vier weitere Buchstützen:

- 1929 ein Adlerpaar, gestaltet aufgrund eines Modells aus dem Nachlass des Bildhauers August Gaul;
- 1931 ein gleichfalls von Hans Küster gestaltetes Elefantenpaar;
- eine Stütze mit Putti von Gustav Oppel aus dem Jahr 1935 und
- Ende des 20. Jahrhunderts eine Werbe-Buchstütze für „VERSACE".

Besonders interessant, aber selten ist der Wechsel des Materials bei gleichbleibender Gestaltung der Stütze. Vorreiter war hier die „Chase Company" mit den von Walter von Nessen entworfenen Buchstützen (s. dazu Schaufester 9).
Besonders erfreuen mich die Walross-Stützen von Georges H. Laurent; zum einen aus Holz zum anderen aus Bronze (Abb. 4). Zwar sind sie nur auf den ersten Blick in der Form identisch. Die kleinen Unterschiede jedoch erhöhen noch deren Reiz.

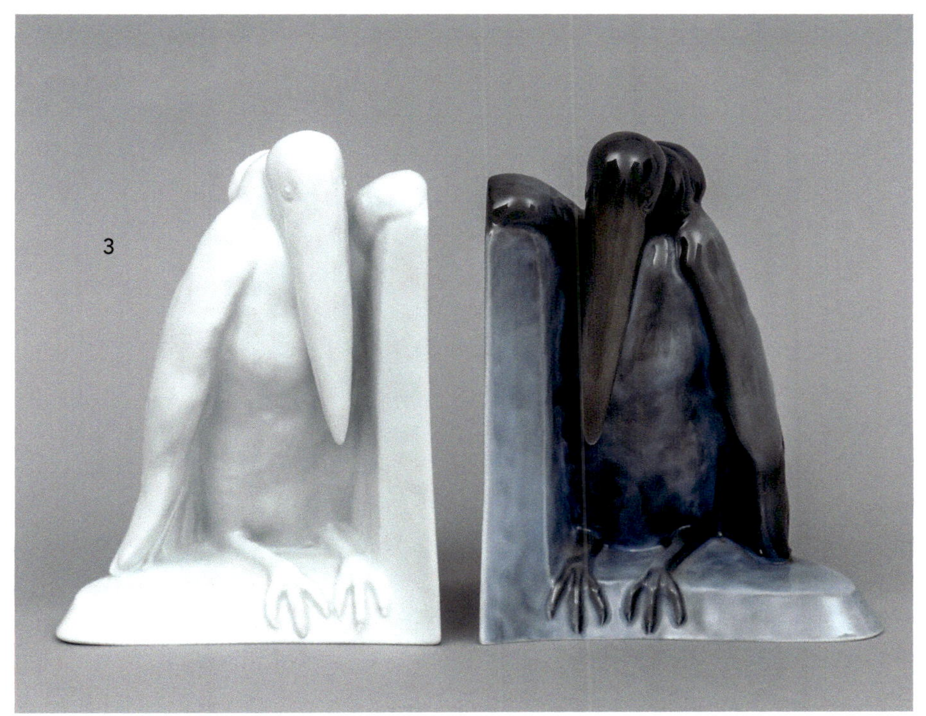
3

4

LITERATUR:

Kestner Museum Hannover: Rosenthal. 100 Jahre Porzellan. Stuttgart 1982.

Bryan Catley: ART DECO and other FIGURES. Woodbridge 1978, S. 327 mit weiteren Buchstützen von Georges H. Laurent.

29

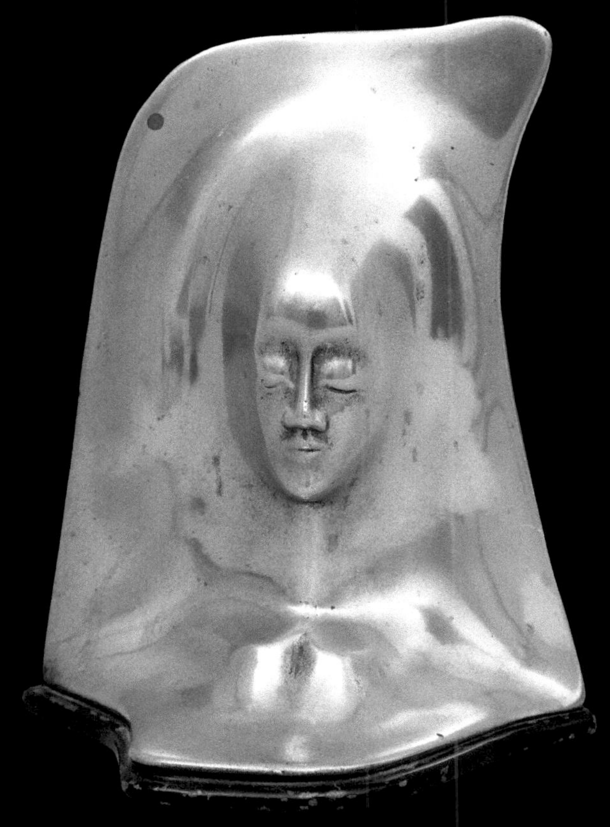

AUSSER JUGENDSTIL UND ART DÉCO …

beeinflussen im ersten Drittel des 20. Jahrhunderts vereinzelt auch andere, modernere Kunstrichtungen die Gestaltung von Buchstützen.

1

Um den vergleichsweise großen Sprung in die ‚Moderne' anzudeuten, seien zunächst vier eher dem Jugendstil und dem Art déco zuzuordnende Buchstützen vorgestellt:

Recht traditionell wirken die mit Blumen- und Rankengirlanden geschmückten Stützen (Abb.1). Ungewöhnlich allerdings die Machart; die Girlanden sind auf Silberblech geprägt, das geschmückte Blech auf Holzblöcke appliziert.

2

Zwischen Jugendstil und Art déco bewegen sich die Buchstützen mit einem Rosenbukett (Abb. 2).

Der Entwurf für die in Bronze gegossenen Stützen stammt von Georges Dunaime, der auch für die „Manufacture Nationale de Porcelaine de Sèvres" und für die Glasmanufaktur „Baccarat" gearbeitet hat.

Zwischen Art déco und Konstruktivismus bewegt sich – im wahren Sinne des Wortes – das herabspringende Pferd in Abb. 3.

Das Pendant ist ein aufspringender Panther. Die recht große Stütze stammt von dem französischen Bildhauer Charles Lemanceau, der sie für die „Manufacture de Saint-Clément" schuf.

3

Das Masken-Motiv schmückt die Buchstützen aus krakeliertem Steinzug (Abb. 4).

Die Buchstützen stammen von dem in der Zarenzeit aus Estland nach Frankreich ausgewanderten Bildhauer und Maler Nathan Imenitoff.

Frauen-, Theater-, Gorgonen-Masken waren ab 1900 im Jugendstil als Zierart an Gebäuden sehr beliebt; und insbesondere in den 1920/1930er Jahren fertigte die Wiener Manufaktur Goldscheider Serien von Frauen-Masken als Wandschmuck.

4

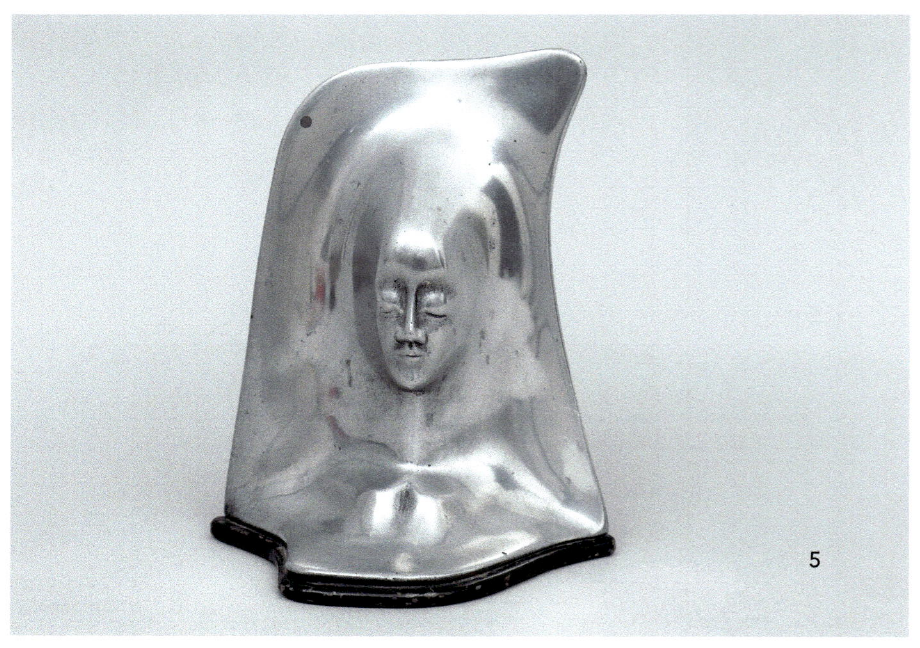
5

Das Aufgreifen ‚moderner' Kunstströmungen belegen neben den im vorangehenden Schaufenster ausgestellten Hasen die folgenden vier Buchstützen:

Von den typischen Jugendstil-Masken unterscheidet sich das aus einer Aluminiumplatte getriebene, namenlose, rätselhafte Antlitz (Abb. 5). Auf Gusseisen montiert stützt es auch stattliche Bücher. Die Stütze erinnert an die geheimnisvollen Gesichter von Frauen und Sphingen des belgischen Symbolisten Fernand Khnopff.

6

Dem Konstruktivismus alle Ehre macht die silberfarbene Holzstütze (Abb. 6). Die aus geometrischen Formen aufgebaute aufsteigende Architektur erinnert an Tatlins auftürmende Konstruktionen. Auch der angedeutete Garten ist geometrisch gegliedert. Leider ist diese Stütze signatur- und markenlos.

Die Stütze mit den auf- und absteigenden Metallkugeln (Abb. 7) mutet ‚futuristisch' an. War doch das Credo des Futurismus die Gestaltung von Bewegungs- und Energieverläufen im Raum. Auch diese Stütze ist ohne Signatur und/oder Marke.

Ein kubistisches Stillleben arrangiert die Keramik-Stütze mit Gitarre, Kaffeetasse, Pfeife, Ananas und Notenblatt (Abb. 8).

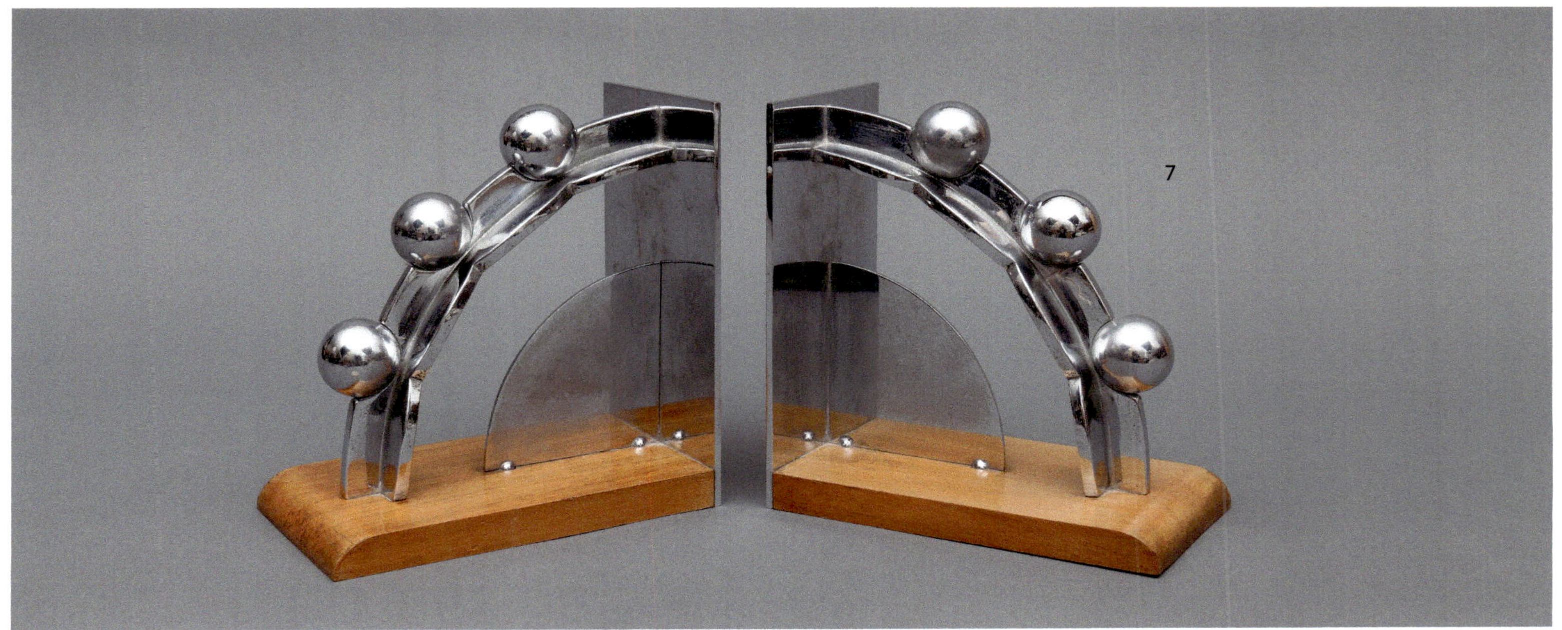

7

So als hätte der Vertreter des synthetischen Kubismus Juan Gris mit seinem Gitarren-Stillleben von 1920 (heute im Kunstmuseum Basel) Pate gestanden.
Die bei Gris insbesondere durch Farbe erzeugte Dreidimensionalität der Collage schafft der Keramiker auch ohne Farbe.
Die leicht krakelierte Stütze stammt aus der „Manufacture Grès Mougin" in Nancy.

Literatur:

Keramisches Museum Mettlach (Hrsg.): Ausstellung Art Déco-Keramik, Sammlung Norbert und Georgette Poulain-Caese. Mettlach, S. 70 f. zur „Manufacture Grès Mougin", Nancy.

ZOO Antwerpen (Hrsg.): 150 WITTE KERAMISCHE DIEREN. Antwerpen 1993, S. 75-81 zu Charles Lemanceau.

8

30

„AUS DER ART GESCHLAGEN“

So erscheinen manche – gleichzeitig recht artifizielle – Buchstützen; passen sie doch, sei es angesichts der Gestaltung, der Herkunft des Materials oder der Kombination mit einer zusätzlichen Funktion, nicht so recht in das übliche Buchstützenbild:

1

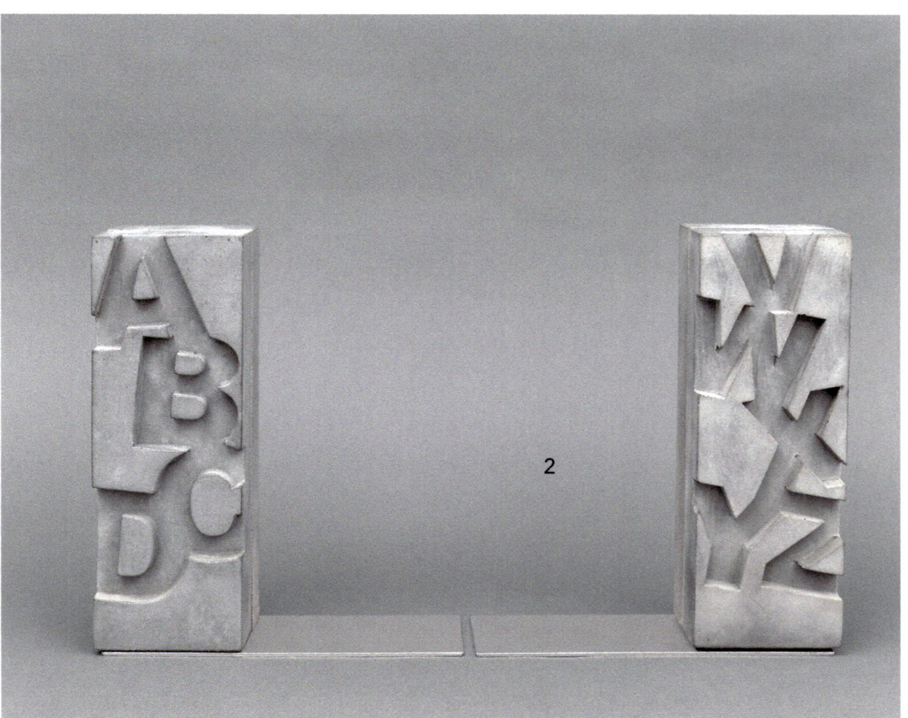

2

In den USA häufig anzutreffen sind Stützen, die kraft Metallbändern eine kleinere Zahl von Büchern stützen, genauer zusammenpressen. Statt ‚bookends' passt hier deshalb besser der amerikanische Begriff ‚scroll bookends' oder der französische Begriff für Buchstütze: ‚serre livres'.

Das in Abb. 1 gezeigte Exemplar stammt von der „Revere Copper and Brass, Inc." in Rome, N.Y.

Aus ungewöhnlichem Material, aus Gussbeton, bestehen die Buchstützen „A bis Z" von dem Kasseler Jochen Korn (Abb. 2). Die auf Stahlplatten fixierten Stützen sorgen für einen festen Stand.

Das selbst aus Zerstörtem noch Buchstützen zu recyceln sind, beweist Abb. 3. Es handelt sich um die Griffe der Vase, die Lalique 1929 unter dem Namen „MARGARET" schuf. Offensichtlich ging die Vase zu Bruch. Ein geschickter Glasschleifer rettete die aufwendigen Griffe als Buchstützen.

Die Buchstütze in Abb. 4 stützt nicht nur Bücher; der Käufer unterstützt auch den Wiederaufbau der Dresdner Frauenkirche; besteht sie doch aus nicht mehr verwendbaren Trümmerteilen der im 2. Weltkrieg zerstörten Kirche.

3

4

5

Wer die Zeit übers Lesen vergisst, den erinnert die Uhr - eingelassen in eine kleine Stütze der Glasmanufaktur „Moser" in Karlsbad (Abb. 5) - an den Lauf der Zeit.

Als kleine, verborgene Schatzkammern für Schlüssel oder Schmuckstücke dienen die zierlichen Schildkrötenstützen mit der koreanischen Aufschrift „Erwachen der buddhistischen Weisheit" (Abb. 6). Weise ist es auf jeden Fall, Pretiosen in einer solchen Buchstütze zu verstecken. Kein Wohnungseinbrecher wird Buchstützen mitgehen lassen; es sei denn, er hätte dieses Buch gelesen.

6

Wer sich allein von Büchern nicht erleuchten lassen will, dem leuchten die Neonröhren auf den Stahlstützen - geschaffen von dem Designer Gerd Arens - heim (Abb. 7).

„Was muß ich noch stützen", scheint diese marken- und makellose, neugierig um die Ecke lugende Keramik-Katze zu fragen (Abb. 8)

LITERATUR:

Félix Marcilhac: R. LALIQUE. Catalogue raisonné de l' œuvre de verre. Paris 1994, S. 445 zur Vase „MARGARET".

Beatrix Schomberg: PENTAGON INFORMAL DESIGN. Köln 1990, S. 106/107 mit der Stütze von Gerd Arens.

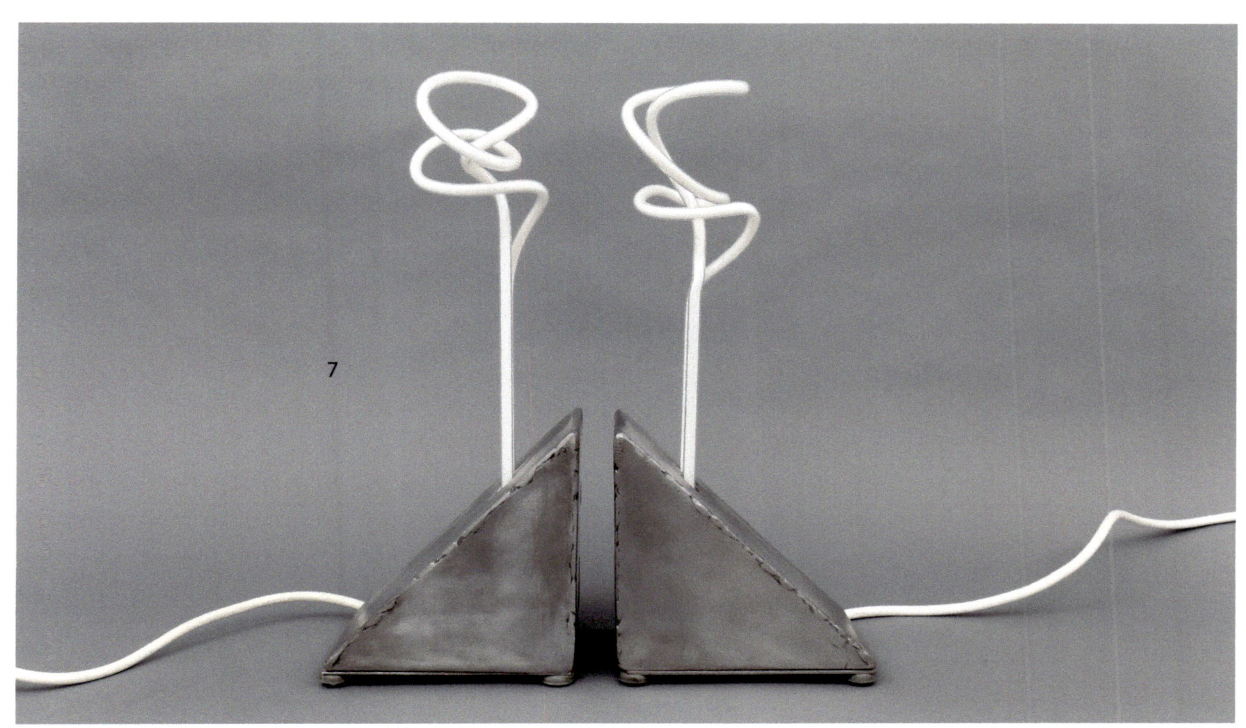

7

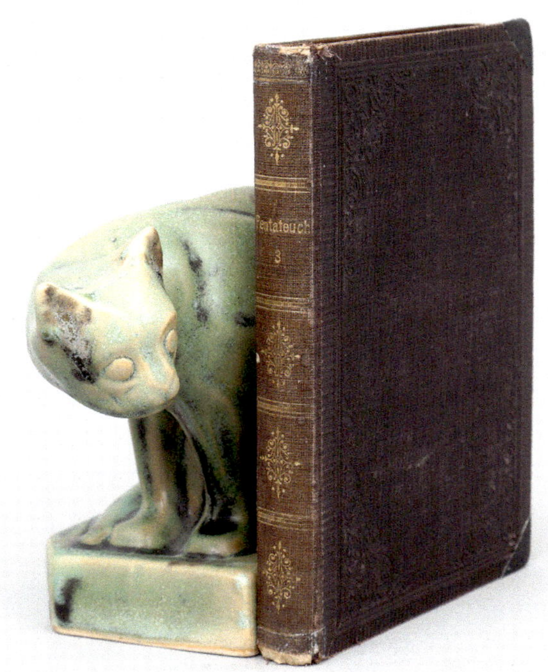

8

31

STÜTZEN BUCHSTÜTZEN NOCH KERAMIK-KÜNSTLERINNEN?

Diese Frage stellt sich im Anschluss an die 1988 vom Stedelijk Museum Schiedam und der Galerie ’t Koetshuys Schiedam veranstaltete Verkaufsausstellung „Boekensteunen Keramik“. Zur Ausstellung steuerten 40 niederländische Keramikerinnen und Keramiker je ein Buchstützen-Paar bei.

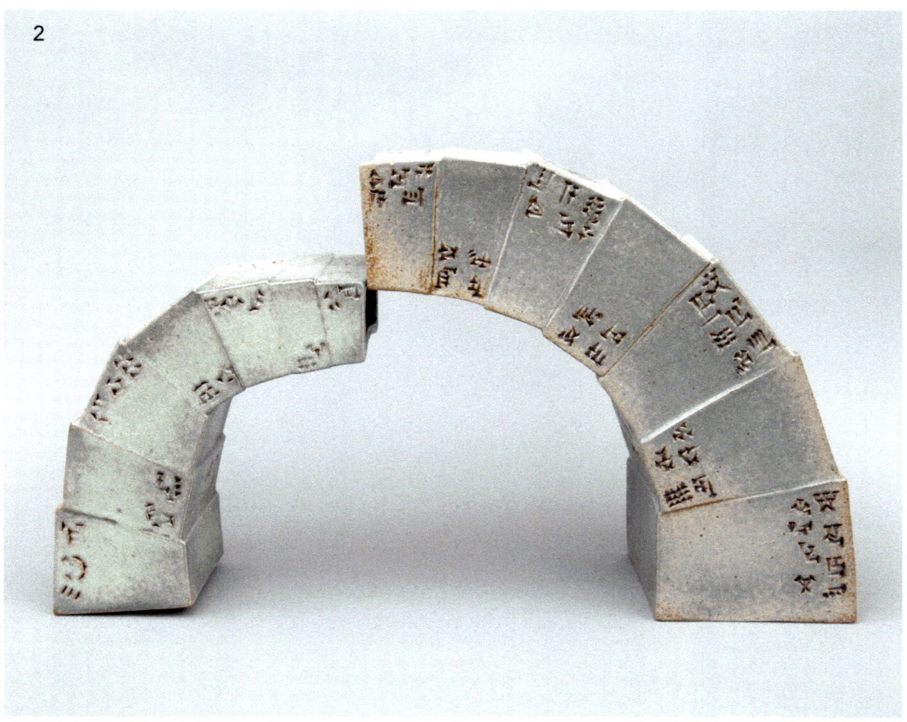

Die Antwort auf die Frage war ernüchternd. Wäre nicht ein seltsamer Buchstützenfreund aus Frankfurt eingesprungen; fast alle Buchstützen wären in die Keramikwerkstätten zurückgekehrt.

Einige der erworbenen unikaten „Boekensteunen“ seien hier vorgestellt:

- ▷ Abb. 1 von Christien van Bussel: „Boekensteun“
- ▷ Abb. 2 von Hermienke Faber: ohne Titel
- ▷ Abb. 3 von Ilse de Jong: „Boekensfinx“
- ▷ Abb. 4 von Frank Storm: „Duwo“
- ▷ Abb. 5 von Lies van Vlijmen: „Boekenwurmen“
- ▷ Abb. 6 eine nicht im Katalog auftauchende Stütze
- ▷ Abb. 7 eine nicht im Katalog auftauchende Stütze von Wil Broekema.

Allein diese Stützen zeigen:
Mangelnde Phantasie und Kunstfertigkeit ist nicht der Grund für die Enthaltsamkeit potentieller Käufer. Die ernüchternde Bilanz muss deshalb wohl lauten: Die gut 100-jährige Geschichte der Buchstütze neigt sich dem Ende zu.

3

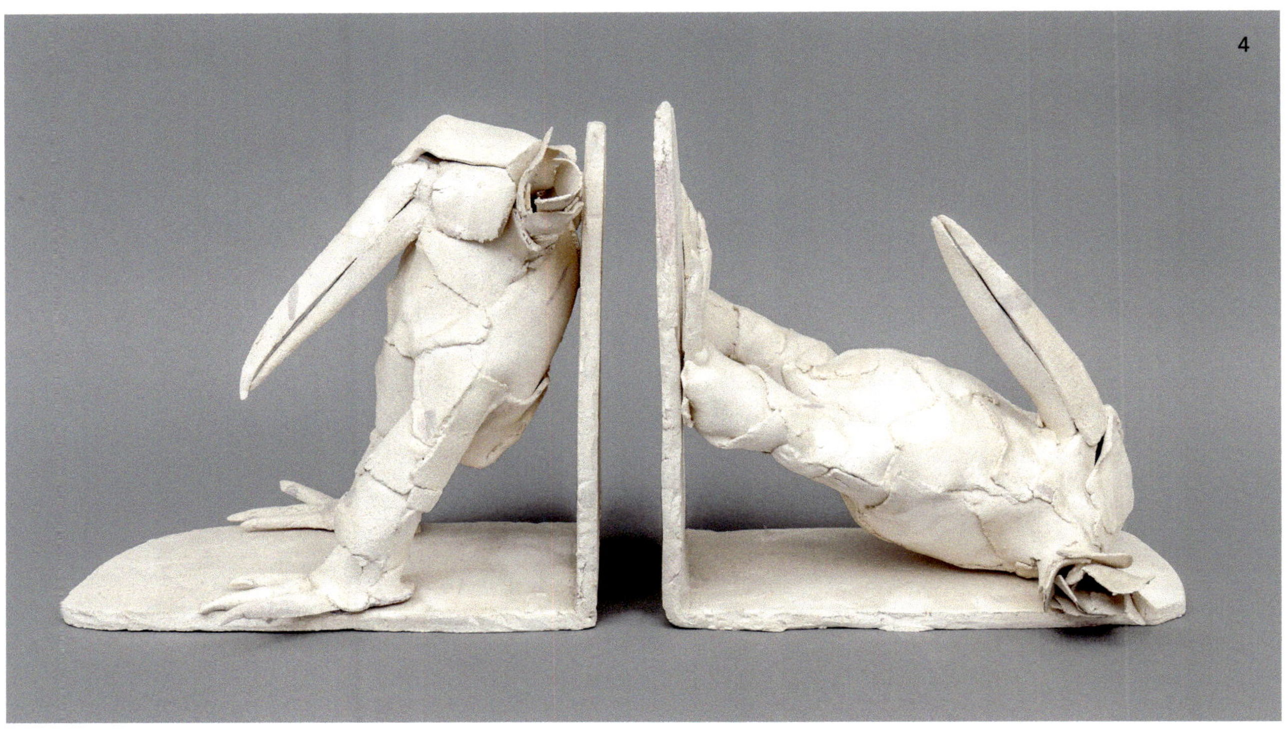
4

5

6

LITERATUR:

Stedelijk Museum Schiedam / Galerie 't Koetshuys Schiedam (Hrsg.): Boekensteunen Keramik. Schiedam 1988.
Der selbst als Buchstütze gestaltete Katalog ist auf S. 12 der Einleitung abgebildet.

32

STÜTZENKÖNIG …

– jedenfalls in Deutschland – ist Bernhard Siller. Der in Friedberg arbeitende Grafiker schafft – allen Nachrufen auf das Absterben von Buchstützen zum Trotz – jährlich mehrere Buchstützen; seit nunmehr 25 Jahren.

1

2

Die Motive zeichnet er mit Buntstift; sie werden als Laserdrucke auf eine Multiplex-Platte aus Birkenholz kaschiert, mit UV-Schutz versiegelt, von Hand ausgesägt und auf eine Edelstahlplatte montiert. Jede der auf 300 Exemplare limitierten Stützen ist handsigniert und kostet lediglich ca. 35,- €.
Dekoriert sind die Buchstützen regelmäßig mit von Siller entworfenen Karikaturen von Dichtern, Literaten, Musikern und Wissenschaftlern.

Den Buchstützensammler erfreuen natürlich besonders die Stützen, die diese selbst, das Buch und den Leser karikieren:

- ▷ Bücher stützen (Abb. 1)
- ▷ Haarsträubende Bücher (Abb. 2)
- ▷ Maßgebende Bücher (Abb. 3)
- ▷ Mein Leben als Buchhalter (Abb. 4)

Dem Bewunderer der vielfältigen, leicht-, tief- und hintersinnigen Buchstützen von Bernhard Siller bleibt die Hoffnung, dass der Niedergang der Buchstützen-Kultur sich – auch dank Siller – noch eine Weile verzögern lässt.

3

4

33

DEGGENDORFER ENTDECKUNGEN

Erst nach Abschluss der Arbeiten zu diesem Buch erfuhr ich vom Schluss einer gelungenen Ausstellung von Buchstützen aktiver Designer und Kunsthandwerkerinnen.

Veranstaltet wurde sie 2021 vom Handwerksmuseum der Stadt Deggendorf. Wahrscheinlich ist dies nach der Ausstellung in den Niederlanden 1988[1] und in den USA 1989[2] erst die einzige weitere Präsentation neu geschaffener Buchstützen.

Auf Einladung des Handwerksmuseums gingen die Fotos von 94 Buchstützen(paaren) ein; nicht nur aus Deutschland, sondern auch aus der Schweiz, Österreich, Frankreich, Tschechien, Russland, Brasilien, Taiwan und den USA. Eine Jury wählte davon 40 Buchstützen(paare) von 39 Bewerbern für die Ausstellung aus.

Zur Ausstellung erschien ein schön aufgemachter Katalog. Er enthält die Abbildungen der ausgestellten Buchstützen nebst Biographien der Kunsthandwerker und Designerinnen. In der Einleitung zum Katalog gibt die Kuratorin der Ausstellung, Anja Fröhlich, in Anlehnung an Henry Petroskis im Jahr 1999 in New York erschienenes Buch „The Book on the Bookshelf" einen historischen Überblick über das Aufbewahren von Büchern.

Zudem stellt sie alle ausgestellten Buchstützen einfühlsam und sachkundig vor; geordnet nach folgenden Kategorien: die *„Klassischen"*, die *„Figürlichen"*, die *„Abstrakten"*, die *„Humorvollen"*, die *„Vielschichtigen"*, die *„Schlichten Design-Stücke"*, die *„Collagierten/Mixed Media"*, *„Bücher stützen Bücher"*, *„Mehr als eine Stütze"*, *„Buchstütze und Lagermöglichkeit"* und *„Für die digitalen Bücher"*.

Obgleich ich erst nach Schluss der Ausstellung von dieser erfuhr, konnte ich noch fünf der Buchstützen (-paare), die mir besonders gefielen, erwerben. Auch die meisten der übrigen ausgestellten Buchstützen warteten zu moderaten Preisen noch auf Bewunderer. Die hier vorgestellten Buchstützen belegen die Phantasie und handwerklichen Fähigkeiten ihrer Schöpfer:

Dass Hände Bücher nicht nur halten, sondern auch stützen können, ist – wie manche schon früher stützende Hände aus Porzellan zeigen (Abb. 1) – Kunsthandwerkern nicht entgangen.

Besonders kunstvoll stützt die filigrane, frei vor der Lampe geblasene Hand des Glasapparatebauers Michael Weinfurtner (Abb. 2).

Das Wappentier Lesehungriger ist die Leseratte. Sie taucht schon in den 1920er Jahren als Buchstütze auf, wie die von F. H. Davin geschaffene in Abb. 3 zeigt.

Auch in der Deggendorfer Ausstellung tummelt sich ein Paar. Die „Leseratte sitzend" (Abb. 4) stammt von der Bildhauerin Eva Mandok.
„Alte Bücher sind ein Material", schreibt sie, *„das einem reichlich zur Verfügung steht. Ich habe eine Form, in die die Pulpe aus alten Büchern gedrückt wird."*
Damit haben wir den seltenen Fall, dass Bücher nicht waagerecht aufgetürmt im Original, sondern sozusagen „recycelt" Bücher stützen.

---

1 Siehe dazu Schaufenster 31 und S. 11 f. der Einleitung.

2 Siehe dazu S. 11 der Einleitung

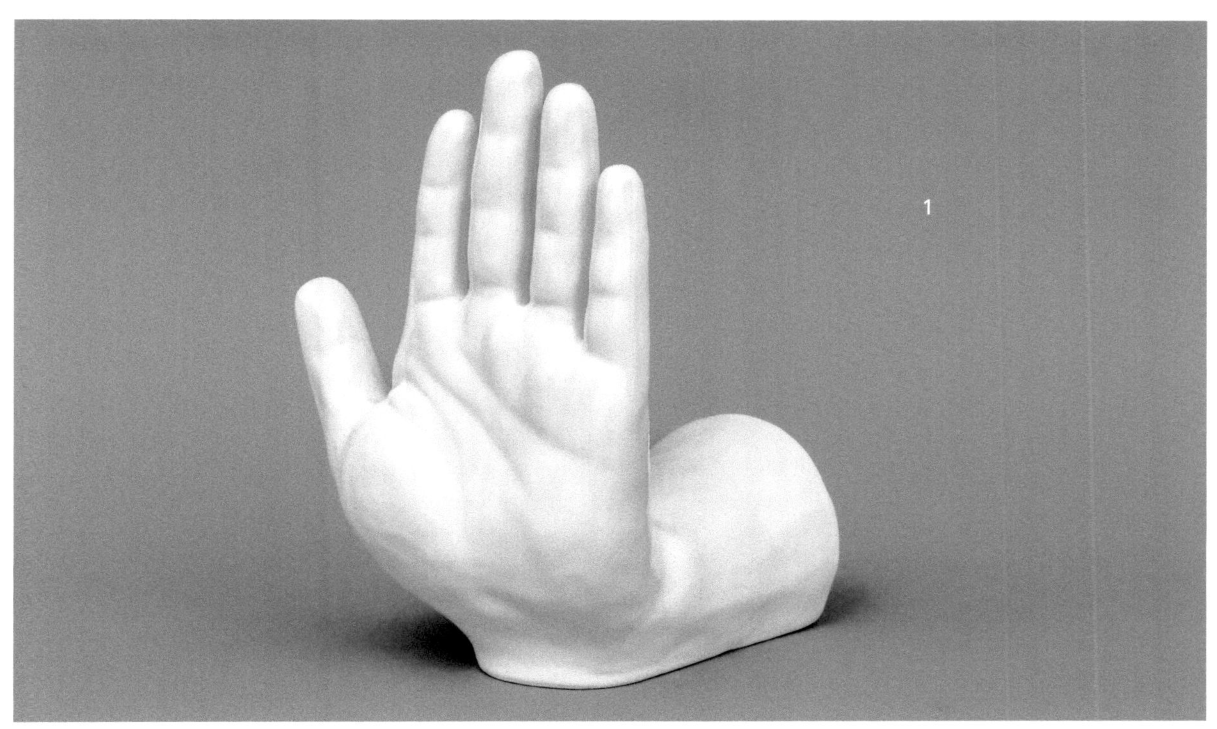
1

2

3

4

Ein Beispiel dafür, dass selbst ein aufgeschlagenes Buch Bücher stützen kann, liefern die Kunstschmiede Uwe Weber und Roland Herman mit ihrer aus Winkelstahl geschaffenen Buchstütze mit dem auffordernden Titel „OFFEN BLEIBEN" (Abb. 5).

Zur Deggendorfer Ausstellung wurden drei kleine Geldpreise ausgelobt. Den ersten Preis erzielten die in Abb. 6 gezeigten, von der Buchbinderin Adelheid Siegeroth geschaffenen Buchstützen. Das Preisgericht begründet den ersten Preis für die Stützen mit den Worten: *„Techniken aus dem Kunsthandwerk des Buchbindens auch auf Buchstützen anzuwenden ist eine geniale Idee, die Adelheid Siegeroth bei ihrem Wettbewerbsbeitrag einsetzt. Es ist ihrem Buchstützenpaar ‚Rowend 1+2' anzusehen, dass die Gestalterin in ihrer Arbeit das Fundament einer handwerklichen Buchbindeausbildung einbringt. Auch das verwendete Material bringt dies zum Ausdruck: Roh- und Buchbindeleinen, Wollfilz, Knochenleim. Neben der Ausführung haben die Jury auch die verschiedenartigen Verwendungsmöglichkeiten überzeugt. In der Stützfunktion kann das Paar sowohl vertikal als horizontal eingesetzt werden. Es ist dabei für kleinformatige Bücher, wie auch großformatige Zeitschriften geeignet. Zusätzlich bieten ‚Rowend 1+2' auch noch in ihrem In-*

neren Platz für Bücher, die so immer schnell zur Hand sind. Variabel in der Funktion und gestalterische Qualität in kunsthandwerklicher Ausführung machen das Buchstützenpaar von Adelheid Siegeroth zu einem würdigen ersten Sieger im Wettbewerb ‚Stützen der Gesellschaft' 2021."

Vielfalt und Kunstfertigkeit der gezeigten Buchstützen machen Hoffnung; den Untergang der Buchstützenkultur werden sie nicht aufhalten können. Mit dem Dahinsiechen von Bücherregalen verlieren Buchstützen immer mehr an Bedeutung. Und dort, wo das Buch durch das iPad verdrängt wird, braucht man schon überhaupt keine Buchstützen mehr.

Nur das Lesepult feiert fröhliche Urständ in Form der iPad Stütze. Dutzende iPad Halter sind auf dem Markt.

5

6

Den versöhnlichen Prototyp einer iPad-Stütze hat der Designer Michael Wagner unter dem Namen „BOOKE" geschaffen. Da ich (noch) kein iPad besitze, nutze ich BOOKE – wie Abb. 7 zeigt – bis zur richtigen Eröffnungsstützung (noch) als Buchstütze.

Der Designer begründet den Wandel vom gestützen Buch zur – im wahrsten Wortsinne – Buchstütze für das iPad mit den Worten:

„Mit ‚BOOKE' habe ich das ‚Kulturprodukt Buch' selbst als Basis für das moderne Buch genommen. So wird aus dem Gegeneinander ein Miteinander".

Literatur:

STÜTZEN der Gesellschaft. BUCHSTÜTZEN NEU ENTDECKT. Ausstellung zum 9. Wettbewerb für Handwerk & Design. Deggendorf 2021.

Bücher
Sammeln-Bestimmen-Pflegen
Thomas Hilka
Keysers Sammler bibliothek

7

INDEX Kunsthandwerkende/Manufakturen/Händler

A

Adler, Jonathan 114 f.
A. Griffoul Newark 138 f.
Aladin France 104 f.
Andersen, Just 154
Anthouard, Magdeleine 91 f.
Arens, Gerd 170 f.
Arthur J. Wilkinson (Ldt.) 128 f.
Atelier Thiem 136
Auböck, Carl 5, 142

B

Baccarat 58 f.
Barnard, William Stebbins 17 ff.
Becquerel, André-Vincent 127 f.
Begas, Reinhold 140
Bergé, Henri 64
Bouval, Maurice 120 f.
Brandt, Edgar 8, 9, 10, 23, 49 ff.
Brandt, Marianne 12, 41 f.
Broekema, Wil 177
Bussel, Christien van 174, 177

C

Cazaux, Édouard 118 f.
Carvacraft Bakelite 84
Chase Brass & Copper Co. 67 ff., 158
Chiparus, Demétre 14, 120 f.
Cliff, Clarice 128 f.

D

Daum 60
Davin, F.H. 184, 186
Dewey, Melvil 16 ff., 36
Dunaime, Georges 162
Durand, Joanny 124 f.

E

Edmond Etling & Cie 110 f., 124 f., 128
Edward F. Caldwell & Co. 47
ELTÉ 158
Erste Volkstedter Porzellanmanufaktur von 1762 128 f.

F

Faber, Hermienke 174
Faïencerie d'Art de Saint Radegonde en Touraine 104 f.
Faïencerie Sarreguemines 120
Fauré, Camille 80 f.
„F.H." 104
Fornasetti, Piero 148
Foure, A. 100 f.

G

Gmundener Keramische Werkstätten AG 144 f.
Gaul, August 158
Georg Jensen 154 f.
Gérard, Duffraisseix, Abbot (GDA) Limoges 131 ff.
Goebel 136
Gorham Company 120
Görling, Felix 140
Granger, Geneviève 110 f.
Graves, Michael 10
GUCCI 150
Guillard, Marcel 128
Gute, Axel 153 ff.

H

Hagenauer, Karl 5, 8, 104, 107, 141, 143 f.
Heintz, Otto 32 f.
Hellsten, Lars 60 f.
Herman, Roland 186 f.
Hubbard, Elbert 30
Hunebelle, André 58

I

Iffland, Franz 138 f.
Imenitoff, Nathan 163
Immendorf, Jörg 24, 146

J

Jong, Ilse de 174 f.
Just Andersen Zinn 154

K

KAZA 124
Keramos, Wiener Kunst-Keramik und Porzellanmanufaktur AG 144 f.
Kersting, Walter Maria 41
Kipp, Karl 30
Konti, Isidore 120
Korn, Jochen 168
Kosta Boda 154 f.
Küster, Hans 158 f.

L

Lalique 5, 8, 10 23, 53 ff., 158, 168 f.
Larned, Josephus Nelson 19, 21
Laurel, Pierre 136 f.
Laurent, Georges Henri 110 f., 157, 159

Lavroff, Georges 100
Lemanceau, Charles 110, 163
Les Neveux des Jules Lehmann 92 f.
Lévy-Kinsbourg, Clarisse 124
Library Bureau 16 ff.
Limoges 92
LIMOGES ELTÉ FRANCE 128
Lüpertz, Markus 24

M

Majolika Manufaktur Karlsruhe 135, 138
Mandok, Eva 184, 186
Manufacture de Saint-Clément 109, 111, 163
Manufacture Grès Mougin Nancy 165
Mikkelsen, Andreas 154 f.
Mörtel, Michael 146
Moser Karlsbad 170
Murano 150 f.

N

Nessen, Walter von 5, 67 ff., 158

O

Oppel, Gustav 158
Orrefors 60 f.

P

Peinlich, Max 138 f.
Perzel, Jean 57 f.
Pompeian Bronze Co 124
Powolny, Michael 144 f.

R

Rede, Ludwig 60 f.
Revere Copper and Brass, Inc. Rome 167 f.
Robj 92, 132 f.
Rödel, Heinz 136
Roesler, Max 136
Rosenthal 150, 158 f.
Royal Limoges 132
Roycroft 30 ff.
Ruppelwerk GmbH 12, 39 ff.

S

Saint Louis 59 f.
SAUER 114
Sévin, Lucille 123 ff.
Siegeroth, Adelheid 186 ff.
Siller, Bernhard 23, 179 ff.
Silvestre, Paul 96 f., 138 f.
Soennecken 5, 8, 12, 17, 19, 35 ff.
Storm, Frank 174 f.
Susse Frères 96 f., 138 f.
Swarovski 60 f.

T

Tharaud, Camille 92, 96
The Craftsman Studios 29, 32
Tiffany 5, 8, 10, 12, 15, 23, 43 ff., 78 ff.

U

Uecker, Günther 24

V

Vallien, Bertil 154 f.
Vandevoorde, Georges 99 ff.
Verrier, Max Le 96, 104, 106, 117 f.
VERSACE 150 f., 158
Villeroy & Boch, Septfontaines 132 f.
Vlijmen, Lies van 173 f., 176

W

Wagner, Michael 189 f.
Walter, Amalric 5, 8, 10, 23, 41, 63 ff.
Weber, Uwe 186 f.
Weinfurtner, Michael 183 ff.
Wiener Kunstkeramische Werkstätte Busch & Ludescher 146
WINDSOR HILL DESIGN 74 f.
Wirths, Carl W. 29, 32

Z

Zorn, Kati 128 f.

Foto: Wilhelm Kahl

Zum Autor:

Ulrich Stascheit, geb. 1940, Professor für Sozialrecht i. R., Frankfurt University of Applied Sciences.
Preisträger „Deutscher Verlagspreis" der Bundesregierung Deutschland 2023.

Jüngste Veröffentlichungen:

Gesetze für Sozialberufe (Herausgeber, 39. Aufl. 2022)

Sozialrecht? – Nie gehört! In: BAGHR e.V. (Hrsg.): Festschrift für Renate Oxenknecht-Witzsch (2022)

Bruchstücke. Zur Geschichte der Juden im Frankfurter Raum (2023)

Banker, Wohltäter, Fürsorger: Charles Hallgartens Wirken in New York und Frankfurt am Main. In: Christoph Sachße (Hrsg.): Wilhelm Merton in seiner Stadt (2023)

Leitfaden für Arbeitslose. Der Rechtsratgeber zum SGB III (in Zusammenarbeit mit Ute Winkler, 37. Aufl. 2024)

Impressum:

Bibliografische Information der Deutschen Nationalbibliothek
Die Deutsche Nationalbibliothek verzeichnet diese Publikation in der Deutschen Nationalbibliografie; detaillierte bibliografische Daten sind im Internet über http://dnb.d-nb.de abrufbar.

Besuchen Sie uns im Internet: www.skvshop.de | www.fhverlag.de

1. Auflage 2024

ISBN 978-3-8248-1339-1

Fachhochschulverlag. Der Verlag für angewandte Wissenschaften.
Ein Imprint der © Schulz-Kirchner Verlag GmbH, 2024, Mollweg 2, D-65510 Idstein
Vertretungsberechtigte Geschäftsführer: Dr. Ullrich Schulz-Kirchner, Martina Schulz-Kirchner

Satz und Layout: Roland Eggers, TZ-Verlag & Print GmbH

Gestaltung der Buchstütze: Robert Kump, TZ-Verlag & Print GmbH

Fotos: Martin Pudenz, Gerd Kittel, Frankfurt am Main;

mit Ausnahme der Fotos auf dem Umschlag, in der Einleitung und in den Schaufenstern 4, 5, 7, 13: Günther Helding, Frankfurt am Main

Druck und Bindung: TZ -Verlag und Print GmbH, Bruchwiesenweg 19, 64380 Roßdorf, www.tz-verlag.de